香蕉
种质资源图鉴

广东省农业科学院果树研究所
国家香蕉改良中心广州分中心　　组织编写

盛　鸥　易干军　著

U0305556

SPM 南方出版传媒
广东科技出版社 | 全国优秀出版社
·广州·

图书在版编目（CIP）数据

香蕉种质资源图鉴 / 盛鸥，易干军著． —广州：广东科技出版社，2022.3
ISBN 978-7-5359-7771-7

Ⅰ．①香… Ⅱ．①盛… ②易… Ⅲ．①香蕉—种质资源—图集 Ⅳ．① S668.124-64

中国版本图书馆 CIP 数据核字（2021）第 223364 号

香蕉种质资源图鉴
Xiangjiao Zhongzhi Ziyuan Tujian

出 版 人：严奉强
责任编辑：区燕宜　于　焦
封面设计：柳国雄
责任校对：于强强
责任印制：彭海波
出版发行：广东科技出版社
　　　　　（广州市环市东路水荫路 11 号　邮政编码：510075）
销售热线：020-37607413
http：//www.gdstp.com.cn
E-mail：gdkjbw@nfcb.com.cn
经　　销：广东新华发行集团股份有限公司
印　　刷：广州市东盛彩印有限公司
　　　　　（广州市增城区新塘镇太平洋工业区十路 2 号　邮政编码：510700）
规　　格：889mm×1 194mm 1/16　印张 13.75　字数 280 千
版　　次：2022 年 3 月第 1 版
　　　　　2022 年 3 月第 1 次印刷
定　　价：198.00 元

如发现因印装质量问题影响阅读，请与广东科技出版社印制室联系调换（电话：020-37607272）。

本图鉴由广东省农业科学院果树研究所、国家香蕉改良中心广州分中心组织编制，得到以下项目资助：

（1）广东省现代种业创新提升项目《广东省农作物种质资源库（圃）建设与资源收集保存、鉴评》

（2）香蕉良种重大科研联合攻关项目

（3）国家香蕉产业技术体系项目

（4）国家重点研发计划课题"果树野生优异种质资源功能基因发掘"

（5）农业部 948 项目"香蕉抗枯萎病等主要病害核心技术与种质的引进与创新"

（6）农业农村部热带作物种质资源保护专项

（7）广东省香蕉菠萝产业技术体系创新团队

香蕉种质资源田间保存圃

香蕉离体种质库

Foreword

前 言

　　香蕉是重要的世界性水果之一，具有长条形、似手指的独特外观，色泽鲜艳，果肉清香、不含种子，可以直接剥皮食用，简单、方便，深受人们喜爱。香蕉可以周年供应，是人们日常生活中最常食用的水果之一。在我国，香蕉种植以香牙蕉类型（Cavendish subgroup）为主，占香蕉种植面积的90％以上，因此通常将香牙蕉简称为香蕉。我国香蕉产业已发展成为热带农业中的支柱性产业之一，在南方热区经济和农村社会发展中发挥着十分重要的作用。

　　全世界的香蕉品种可简单分为鲜食蕉和主食蕉两种，其中主食蕉品种（如 plantain 或东非高原蕉）的种植面积占25％。主食蕉品种需要烹煮或加工才能食用，为热带贫困地区4亿多人口的主要食物来源、营养来源和经济来源，其作用相当于亚洲地区的水稻和南美洲地区的土豆，也是仅次于水稻、小麦和玉米的第四大粮食作物。因此香蕉又是关系到世界粮食安全的重要作物之一。

　　香蕉不仅可鲜食，还可加工成香蕉罐头和果脯、果汁，亦可油炸成香蕉片或制成香蕉酱。在东南亚，当地特色香蕉品种加工成的香蕉片、香蕉饼和香蕉酱广受欢迎。在非洲，plantain 果实晒干捣碎成香蕉粉，用于制糕饼及面包。此外，香蕉还具有一定的药用价值。有文献报道，常吃香蕉可预防神经疲劳，提高人体免疫力，还具有润肺止咳、防止便秘和预防结肠癌的功效，对老年痴呆等神经退行性疾病也具有预防作用。

　　除了蕉果可被食用，香蕉植株的其他部位也可以被利用。蕉叶宽大，常被用作桌布和盛饭菜的托盘；还可把蕉叶洗净，裹住米团，蒸熟后的饭香气扑鼻。香蕉的球茎和花蕾也可食用；在埃塞俄比亚，象腿蕉的球茎可被捣碎磨粉做成主食食用；在云南和广东，大蕉或野生芭蕉的雄花苞蕾可炒食或做汤用。野生香蕉含有坚硬的种子，在一些太平洋岛国，野生蕉的

种子被用于制作成项链等装饰用品。香蕉的假茎、吸芽、花蕾可用作青饲料，在厄瓜多尔、印度和我国云南等地经常用来饲养牲畜。原产自菲律宾的麻蕉（Abaca）的假茎与叶柄纤维性能优异，可用于提取蕉麻制成工业制品。另外，由于香蕉树形高大，叶片宽大美观，是典型的热带植物，所以香蕉还是很好的景观植物。

香蕉种质资源非常丰富且具有多样性，所以用处十分广泛。但香蕉种质资源的收集、保存和评价工作是一项长期而艰巨的工作。为了及时总结香蕉种质资源研究成果，我们组织编写了《香蕉种质资源图鉴》。由于时间仓促，部分资源缺少特征图片、性状未评价完全，本书未对资源圃内所有资源进行介绍，仅就前期积累的部分品种资源进行了整理。全书共收录香蕉品种资源（含部分育种优系）133个，采用以图为主、图文并茂的形式呈现，重点介绍其特征特性、农艺性状及综合评价，希望对广大香蕉科技工作者有所帮助。

本书相关的科研工作得到科学技术部、农业农村部、广东省农业农村厅、广东省科学技术厅、广东省农业科学院等下达的多个涉及种质资源内容的项目的资助。广东省农业科学院果树研究所香蕉遗传改良团队邓贵明、何维弟、李春雨、董涛、杨乔松、毕方铖、胡春华、高慧君、窦同心、刘思文等同事也参与了本书的编写。国际生物多样性组织（Bioversity International）和国外香蕉资源保存机构在资源引进等方面提供了帮助。同时，编写过程中得到国际、国内众多专家学者的大力支持。在此，一并表示诚挚的感谢！

由于著者水平有限，书中疏漏和不妥之处在所难免，恳请读者谅解并批评指正。

著　者

2021 年 8 月于广州

Contents

目 录

一、香蕉种质资源分类和栽培品种的起源

香蕉起源于东南亚和西太平洋地区，这些地区也是香蕉种质资源多样性中心，至今还存在野生蕉群落。非洲中西部低洼湿地是 plantain 多样性分布中心，同时非洲东部高地地带是东非高地主食蕉（East African Highland cooking banana）和酿啤酒蕉（beer banana）的生物多样性中心。在上述这些地区，香蕉通过长期的体细胞突变积累演化成现有的不同类型的可食用香蕉，蕴含有可供香蕉科学研究和育种用途的种质基因库。

香蕉是属于芭蕉科（Musaceae）芭蕉属（Musa）的单子叶、多年生、大型草本植物。同科的还有衣蕉属（Ensete）和地涌金莲属（Musella），这两属的植物果实一般不食用，大部分作观赏或纤维等用途。芭蕉属内植物种数较少，只有 30～40 种，至今还在通过分类评价和野外考察等进行修订和添加新物种。基于形态学特征和染色体数目，芭蕉属被分为五组，即 Eumusa（真蕉组）、Rhodochlamys、Australimusa（南蕉组）、Callimusa（美蕉组）和 Ingentimusa。前两者染色体 2n=22 条，AustraliMusa 和 Callimusa 的染色体 2n=20 条。Ingentimusa 染色体 2n=14 条，其只有一种 M. ingens。Eumusa 组内种群众多，分布最广，大部分可食用蕉属于此组。Simmonds（1962）认为所有的可食蕉类（除 Fe'i 类）都由两个野生种 M. acuminata（尖苞野蕉，AA）和 M. balbisiana（长梗野蕉，BB）的种内和种间的杂交后代演变而来。M. acuminata 包含亚种：banksii，burmannica，burmannicoides，errans，malaccensis，siamea，truncata 和 zebrina 等（Shepherd，1988；Tezenas du Montcel，1988）。M. balbisiana 广泛分布于我国、印度及东南亚等国和巴布亚新几内亚等国，尽管通过大量的分子标记和形态学差异的研究表明存在种内差异，但是至今还没有对它进行亚种的分类。M. balbisiana 有一些优良的农艺性状，如抗病虫、耐旱和抗寒。

大部分可食栽培香蕉品种只含有 A 和 B 基因组，如二倍体（AA、AB、BB）、三倍体（AAA、AAB、ABB）和四倍体（AAAA、AAAB、AABB、ABBB）。除 A 和 B 染色体基因组外，少数栽培香蕉品种中还存在 S 和 T 基因组。如近年来，利用原位杂交技术显示巴布亚新几内亚的一些香蕉品种含有这两个基因组。但 S 只存在 Eumusa 组的 M. schizocarpa，T 代表 Australimusa 组中的种，如 M. textiles（马尼拉麻蕉），含 S 和 T 的香蕉基因组类型有 AS、AAS、ABBS、AAT、AAAT 和 ABBT。不同染色体基因组的构成影响香蕉品种的性状表现，利用分子标记技术可以鉴别出含 A 和 B 基因组的不同类型的品种。但是基因组类型分类经常与根据性状表现的分类混淆，如 plantain 与 Pome 类型品种都属于 AAB 组，然而两者却有着截然不同的性状，前者通常烹煮后食用，后者催熟后即食。另外，东非高地香蕉和香牙蕉都为 AAA 组，但前者要像土豆一样加工捣碎后煮食，后者为鲜食。因此，现今普遍接受的分类观点是，把香蕉品种分为不同类型加上基因组类型，如 Cavendish（AAA）、plantain（AAB）、Mysore（AAB）、Silk（AAB）和 Pome（AAB）等。值得注意的是，我国香蕉品种类型分类与国际有所不同，通常分为香牙蕉（AAA）、龙牙蕉（AAB，即丝蕉，如'过山香'）、大蕉（ABB）和粉蕉（ABB），其中大蕉并不是国际上称的 plantain，它们两个基因组类型也不一样。

我国的大蕉品种催熟后可食用，而国际上所称的plantain则一般需要加工后食用。

广东省农业科学院果树研究所建有国家级香蕉种质圃，是国际上规模较大、较完善，采用大田、温室、离体等多种保存方式的香蕉资源圃之一，也是被国际生物多样性组织（Bioverisity International）认可的全球香蕉参考资源圃之一（MusaNet Reference Collections）。

由于我国不是香蕉多样性分布中心及进化中心，因此我国境内的香蕉种质资源极为有限，可供育种利用的核心种质资源缺乏。近10年来，我们从国际香蕉种质交换库（ITC）及乌干达、喀麦隆、巴西、印度尼西亚、印度等国家引进资源共300多份，从国内云南、广西、广东、海南、福建等地收集品种资源300多份。现今，资源圃内保存有各类香蕉核心种质资源600多份，涵盖芭蕉科全部3属（芭蕉属 *Musa*、象腿蕉属 *Ensete*、地涌金莲属 *Musella*）、芭蕉属4组（*Eumusa*、*Rhodochlamys*、*AustraliMusa* 和 *Callimusa*）、真蕉组14种基因组类型（AA、AB、BB、AAA、AAB、ABB、AAAA、AAAB、AABB、ABBB、Fe'i、SS、AS、AAT）、26种世界范围内主要的栽培类型（Sucrier、Pisang Lilin、Pisang Jari Buaya、Cavendish、EAHB、Red、Gros Michel、Plantain、Pome、Iholena、Silk、Mysore、Pisang Raja、Pisang Kelat、Bluggoe、Pisang Awak、Pelipita、Ney Mannan、Peyan 和国内的大蕉等）、7个野生种或亚种（*malaccensis*、*banksii*、*burmannicoides*、*microcarpa*、*siamea*、*zebrina*、*balbisiana*）（表1）。这些多样性丰富的种质资源为开展香蕉遗传改良提供了重要的研究材料，是保障我国香蕉种业安全的重要基石。

表1 资源圃内保存的香蕉核心种质

属	组	数量
芭蕉属 *Musa*	*Eumusa/Rhodochlamys*	591
	Australimusa	8
	Callimusa	2
象腿蕉属 *Ensete*		3
地涌金莲属 *Musella*		1
合计		605
14个基因组类型	AA、AB、BB、AAA、AAB、ABB、AAAA、AAAB、AABB、ABBB、Fe'i、SS、AS、AAT	
26个栽培类型	AA：Sucrier、Pisang Lilin、Pisang Jari Buaya AB：Ney Poovan、Sukari Ndizi AAA：Cavendish、EAHB、Red、Gros Michel、Rio、Lakatan、Ibota Bota AAB：Plantain、Pome、Iholena、Silk、Mysore、Pisang Rajah、Pisang Kelat、Maia Maoli-Popoulou ABB：Bluggoe、Pisang Awak、Pelipita、Ney Mannan、Peyan、Dajiao	
7个野生种或亚种	6 AA：*malaccensis*、*banksii*、*burmannicoides*、*microcarpa*、*siamea*、*zebrina* 1 BB：*balbisiana*	

二、栽培品种

（一）AA

（1）Pisang Mas

分　　类｜芭蕉科（*Musaceae*）、芭蕉属（*Musa*）、真蕉组（*Eumusa*）

基因组类型｜AA

栽培类型｜Sucrier

学　　名｜*Musa* spp. Sucrier subgroup AA

来　　源｜原产于马来西亚、泰国等。

主要性状｜生育期 10 ～ 12 个月，株高 180 ～ 220 厘米。假茎黄绿色，叶柄及叶鞘有色斑，花青苷显色程度中等。叶姿较直立。果穗较紧凑，果指较短小、无棱；果皮浅黄绿色，催熟后金黄色，产量 5 ～ 15 千克 / 株；果实口感好，香甜紧实。田间表现易感束顶病、叶斑病和枯萎病，对栽培技术要求高。

评　　价｜国内又称为贡蕉。品质优异，口感和商品性均佳，但抗性较弱。国内早期商品名为皇帝蕉的品种即为 Pisang Mas，后因枯萎病盛行，加之栽培技术要求甚高，逐渐被果形类似但抗枯萎病的海贡蕉品种替代。

图片拍摄：盛 鸥

（2）海贡蕉（Haigong Jiao）

分　　类｜芭蕉科（*Musaceae*）、芭蕉属（*Musa*）、真蕉组（*Eumusa*）

基因组类型｜AA

栽培类型｜Inarnibal

学　　名｜*Musa* spp. Inarnibal subgroup AA

来　　源｜国内各产区均有零星种植，以海南、广东西部种植较多，原产于菲律宾、马来西亚、印度尼西亚等。菲律宾称为 Inarnibal，马来西亚称为 Pisang Lemak Manis，印度尼西亚称为 Pisang Lampung 或 Pisang Berlin。

主要性状｜生育期 8 ～ 11 个月，株高 160 ～ 250 厘米。假茎黄色或淡黄色，茎基部周长 61 厘米，茎中部周长 45 厘米，茎秆较纤细，叶鞘有色斑，茎秆中下部花青苷显色程度中等。叶片直立狭长，长 180 ～ 250 厘米，宽 45 ～ 60 厘米；叶片中脉背部披白蜡粉，部分带紫红色。果穗较紧凑，果指较短小（8 ～ 13 厘米）、无棱；果皮淡黄色，催熟后金黄色，产量 5 ～ 15 千克 / 株；果实口感较好，肉质细滑，香甜微酸，风味较 Pisang Mas 差。对叶斑病、黑星病、花叶心腐病抗性较香牙蕉、Pisang Mas 强，高抗枯萎病热带 4 号生理小种。

评　　价｜植株表型与 Pisang Mas 较类似，但果实口感较 Pisang Mas 差。抗性强，对栽培技术要求较 Pisang Mas 低，现已成为皇帝蕉的主栽品种。

图片拍摄：盛　鸥

（3）佛手蕉（Buddha's hand）

分　　类｜芭蕉科（*Musaceae*）、芭蕉属（*Musa*）、真蕉组（*Eumusa*）

基因组类型｜AA

栽培类型｜Pisang Lilin

学　　名｜*Musa* spp. Pisang Lilin subgroup AA

来　　源｜原产于马来西亚，泰国、印度尼西亚等有栽培。

主要性状｜生育期 11 ～ 13 个月，株高 160 ～ 250 厘米；假茎黄绿色或绿色，茎秆较纤细，叶鞘、茎秆少有色斑。叶柄边缘深红色；叶片较直立狭长。果穗较紧凑，花轴弯曲下垂或斜生，果指较细长（6 ～ 13 厘米）、无棱；果皮淡黄色，催熟后黄色，产量 5 ～ 10 千克 / 株；果实口感较好，肉质细滑，微酸。

评　　价｜二倍体 AA 品种资源，有待于进一步深入评价。

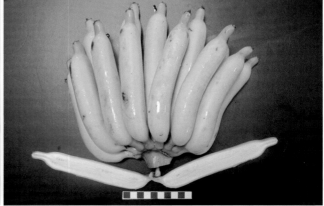

图片拍摄：盛　鸥

（4）Pisang Jari Buaya

分　　类｜芭蕉科（*Musaceae*）、芭蕉属（*Musa*）、真蕉组（*Eumusa*）

基因组类型｜AA

栽培类型｜Pisang Jari Buaya

学　　名｜*Musa* spp. Pisang Jari Buaya subgroup AA

来　　源｜原产于马来西亚、泰国等。

主要性状｜生育期 11 ～ 13 个月，株高 180 ～ 280 厘米，假茎黄绿色，少有蜡粉。叶柄及叶鞘有色斑，花青苷显色程度中等；叶姿较直立。果穗紧凑，花轴长且斜弯，中性花残留多；果指细而长、无棱；果皮浅绿色，催熟后淡黄色，产量 10 ～ 18 千克 / 株；果肉较细腻，酸甜。田间表现抗枯萎病。

评　　价｜AA 类型品种资源，果形有特点。

图片拍摄: 盛 鸥

（二）AB

Kunnan

分　　类 芭蕉科（*Musaceae*）、芭蕉属（*Musa*）、真蕉组（*Eumusa*）

基因组类型 AB

栽培类型 Kunnan

学　　名 *Musa* spp. Kunnan subgroup AB

来　　源 原产于印度，为印度鲜食蕉主栽品种之一。

主要性状 生育期 11～13 个月，株高 180～250 厘米。假茎黄绿色，有白色蜡粉。叶柄无或少色斑，中下部叶的叶鞘有大块色斑；叶姿较开张，叶片宽大。果穗较紧凑，果指短而粗、无棱；果皮浅黄绿色，催熟后黄色或金黄色，产量 18～22 千克 / 株；果实酸甜，细腻，口感较好。田间表现易感枯萎病。

评　　价 二倍体 AB 种质优异，育种价值较高。

图片拍摄：盛 鸥

（三）AAA

1. 香牙蕉

（1）巴西蕉（Baxijiao）

分　　类｜芭蕉科（*Musaceae*）、芭蕉属（*Musa*）、真蕉组（*Eumusa*）

基因组类型｜AAA

栽培类型｜香牙蕉（Cavendish）

学　　名｜（*Musa* spp. Cavendish subgroup AAA）cv Baxi

来　　源｜20 世纪从澳大利亚引进的巴西香牙蕉品种。

主要性状｜该品种生育期 9～12 个月，株高 220～350 厘米。在温光肥水条件较好的区域种植，假茎黄绿色着大块红褐色斑，叶柄基部蜡粉较少，假茎粗大。叶姿开张，树形较好。新植叶片长度和宽度约 208 厘米和 90 厘米，宿根长度和宽度约 233 厘米和 99 厘米。果穗呈圆柱形，长 84 厘米左右；果梳整齐，梳距适中，乱把现象较少；果指长 20.1～21.0 厘米；果皮厚，耐贮运。组培苗变异较少，变异类型为镶纹叶、斜纹叶，少矮变。耐瘦瘠、抗寒、抗旱性较好，对束顶病、花叶心腐病、叶斑病、黑星病、线虫病、炭疽病抗性中等，不抗枯萎病 4 号小种。平均每穗果重 24 千克，最高可达 50 千克以上。

评　　价｜'巴西蕉'生育期适中，株型好、产量高，果实商品性好，品质优。抗枯萎病 1 号生理小种，但易感 4 号生理小种。该品种的栽培技术较成熟，在 20 世纪 90 年代至 2015 年左右，是国内推广种植面积较大的品种之一，有多个变异品系，现逐渐被抗枯萎病品种所替代。

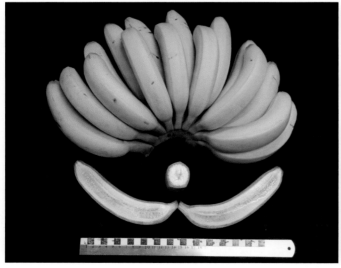

图片拍摄：盛 鸥

（2）威廉斯（Williams）

分　　类｜芭蕉科（*Musaceae*）、芭蕉属（*Musa*）、真蕉组（*Eumusa*）
基因组类型｜AAA
栽培类型｜香牙蕉（Cavendish）
学　　名｜（*Musa* spp. Cavendish subgroup AAA）cv Williams
来　　源｜20 世纪从澳大利亚引进的香牙蕉品种。

主要性状｜该品种生育期 10～12 个月，株高 220～300 厘米，在相同条件下比'巴西蕉'稍矮。在温光肥水条件较好的区域种植，假茎深绿色着大块红褐色斑，与'巴西蕉'相比颜色偏深，假茎粗壮。叶姿开张，叶片较'巴西蕉'宽。丰产性能好，果穗呈圆柱形，平均株产可达 25 千克以上。果梳整齐，梳距适中；果指长 19～22 厘米。

评　　价｜'威廉斯'生育期适中，株型好、产量高，果实商品性好，品质优。抗枯萎病 1 号生理小种，但易感 4 号生理小种。该品种的栽培技术较成熟，有多个变异品系，如 8818、B6 等。国内香蕉选育种单位从'威廉斯'中选育多个优良品种，是国内推广种植面积最大的品种群。

图片拍摄：盛　鸥

（3）中蕉2号（Zhongjiao No.2）

分　类｜芭蕉科（*Musaceae*）、芭蕉属（*Musa*）、真蕉组（*Eumusa*）

基因组类型｜AAA

栽培类型｜香牙蕉（Cavendish）

学　名｜（*Musa* spp. Cavendish Subgroup AAA）cv Zhongjiao No.2

来　源｜广东省农业科学院果树研究所和东莞市香蕉蔬菜研究所共同选育，2012年通过广东省农作物品种审定委员会审定。

主要性状｜植株长势旺盛，假茎平均高230.2厘米、茎形比为3.65。叶姿较直立，叶片较宽。丰产性好，平均单株产量28.7千克，折合亩产3 445千克。果指微弯，平均长21.8厘米、粗（周长）12.5厘米，单果重168克；果皮无开裂现象，果实横切面微具棱角；果皮平均厚0.32厘米，果实可食率68.5%；果肉黄白色，肉质嫩滑，口感好，风味香甜，可溶性固形物含量19.69%，可溶性糖含量17.60%，蔗糖含量5.42%，可滴定酸含量0.31%。易感香蕉枯萎病。

评　价｜产量高，商品性状好，品质优，适宜在广东省内香蕉新区种植。

图片拍摄：盛　鸥

（4）中蕉 3 号（Zhongjiao No.3）

分　　类｜芭蕉科（*Musaceae*）、芭蕉属（*Musa*）、真蕉组（*Eumusa*）

基因组类型｜AAA

栽培类型｜香牙蕉（Cavendish）

学　　名｜（*Musa* spp. Cavendish subgroup AAA）cv Zhongjiao No.3

来　　源｜广东省农业科学院果树研究所选育，2013 年通过广东省农作物品种审定委员会审定。

主要性状｜植株长势旺盛，假茎高 283.2 厘米。叶姿较开张，叶片较长而宽。果穗紧凑，果指微弯，平均长 26.24 厘米、粗（周长）12.74 厘米、单果重 177.03 克，果实可食率 69.2%；果肉浅黄色，肉质嫩滑，口感好，风味香甜，可溶性固形物含量 20.9%，可溶性糖含量 15.8%，蔗糖含量 5.57%，可滴定酸含量 0.277%，维生素 C 含量 7.438 毫克 /100 克果肉。丰产性能较好，平均单株产量 26.2 千克，折合亩产 3 144 千克。生育期适中，生长周期 340 ～ 350 天。对枯萎病抗性较 '巴西蕉' 稍强，但比抗性品种弱。

评　　价｜丰产性较好，品质优良。果穗紧凑，果指微弯，果肉浅黄色，肉质嫩滑，口感好，风味香甜。

图片拍摄：盛　鸥　魏岳荣

（5）中蕉 4 号（Zhongjiao No.4）

分　　类｜芭蕉科（*Musaceae*）、芭蕉属（*Musa*）、真蕉组（*Eumusa*）

基因组类型｜AAA

栽培类型｜香牙蕉（Cavendish）

学　　名｜（*Musa* spp. Cavendish subgroup AAA）cv Zhongjiao No.4

来　　源｜广东省农业科学院果树研究所选育，2016 年通过广东省农作物品种审定委员会审定，2017 年获植物新品种权保护证书。

主要性状｜新植蕉生长周期 12 ～ 13 个月，植株长势较旺盛。假茎平均高 223.0 厘米，基部粗 72.3 厘米，茎秆绿色或青绿色、锈褐色斑多。叶片排列较分散、叶姿较开张；叶柄基部蜡粉较'巴西蕉'多，但在气温较高、生长迅速时蜡粉较少。果穗较紧凑，果指微弯，平均长 23.1 厘米、粗 12.4 厘米；生果皮呈浅绿色，催熟后果皮呈黄色；果肉浅黄色、香甜，平均单果重 188.8 克，可溶性固形物含量 22.00%，可滴定酸含量 0.28%，可溶性糖含量 18.86%。丰产性能较好，种植第一造平均株产 22.5 千克，折合亩产 2 697.0 千克。为高抗枯萎病新品种。

评　　价｜丰产性能较好、品质优。田间表现抗枯萎病 1 号和 4 号生理小种。栽培时注意防控细菌性病害。

图片拍摄：盛 鸥 魏岳荣

（6）中蕉6号（Zhongjiao No.6）

分　　类｜芭蕉科（*Musaceae*）、芭蕉属（*Musa*）、真蕉组（*Eumusa*）

基因组类型｜AAA

栽培类型｜香牙蕉（Cavendish）

学　　名｜（*Musa* spp. Cavendish subgroup AAA）cv Zhongjiao No.6

来　　源｜广东省农业科学院果树研究所选育，2015年通过广东省农作物品种审定委员会审定。

主要性状｜生育期360～380天，植株长势较旺盛。假茎平均高210厘米，茎形比为3.90；茎秆深绿色，锈褐色斑较多。叶姿较'巴西蕉'直立，叶片较厚、长而宽；叶柄基部有蜡粉。果穗紧凑，果指微弯，平均长23.6厘米、粗（周长）12.5厘米，单果重175.6克；果皮无开裂现象，果实横切面微具棱角，可食率67.6%；果肉呈浅黄色，肉质嫩滑，风味香甜，可溶性固形物含量18.8%，可溶性糖含量14.8%，蔗糖含量7.49%，可滴定酸含量0.25%，维生素C含量4.15毫克/100克果肉，品质优良。田间表现对香蕉枯萎病4号生理小种有一定抗性，较'巴西蕉'强。丰产性能良好，5—6月种植平均单株产量可达24.66千克。

评　　价｜丰产性能良好，品质优，商品性较好。

图片拍摄：盛 鸥 魏岳荣

（7）粤丰 1 号（Yuefeng No.1）

分　　类｜芭蕉科（*Musaceae*）、芭蕉属（*Musa*）、真蕉组（*Eumusa*）

基因组类型｜AAA

栽培类型｜香牙蕉（Cavendish）

学　　名｜（*Musa* spp. Cavendish subgroup AAA）cv Yuefeng No.1

来　　源｜广东省农业科学院果树研究所和东莞市香蕉蔬菜研究所共同选育，2011 年通过广东省农作物品种审定委员会审定。

主要性状｜植株长势旺盛。假茎高 238.2 厘米，茎形比为 4.58；假茎绿色或黄绿色，有大量锈褐色斑。叶姿较直立，叶片较长而宽，叶柄基部斑块有大片着色。丰产性能较好，平均单株产量 26.7 千克，折合亩产量 3 471 千克。果穗呈长圆柱状，结构紧凑，梳形整齐，商品性状优异，便于运输；果指形微弯，长 21.3 厘米，粗（周长）12.1 厘米，单果重 176 克；生果皮绿色，熟果皮黄色，无果皮开裂现象，果实横切面微具棱角；果皮厚 0.31 厘米，果实可食率 69.8%；果肉浅黄色，肉质嫩滑，口感好，风味香甜，可溶性固形物含量 22.73%，可溶性糖含量 18.9%，维生素 C 含量 10.96 毫克 /100 克果肉，可滴定酸含量 0.22%。内在品质优，抗风性较强，但耐寒性较弱，适合于我国各香蕉主产区种植推广。

评　　价｜丰产性能较好，生育期适中，树体旺、抗风能力较强。

图片拍摄：盛　鸥　魏岳荣

（8）中蕉 11 号（Zhongjiao No.11）

分　　类 | 芭蕉科（*Musaceae*）、芭蕉属（*Musa*）、真蕉组（*Eumusa*）

基因组类型 | AAA

栽培类型 | 香牙蕉（Cavendish）

学　　名 | （*Musa* spp. Cavendish subgroup AAA）cv Zhongjiao No.11

来　　源 | 广东省农业科学院果树研究所选育，2017 年获植物新品种权保护证书。

主要性状 | 生长周期 10 ～ 12 个月。植株矮化，田间假茎高约 175.5 厘米；假茎基周、中周周长分别为 72.5 厘米、54.0 厘米，茎形比为 3.25；假茎颜色为绿色，锈褐色斑较多，有光泽，内层假茎呈紫红色。叶姿开张，生长周期抽生叶片总数为 35 ～ 38 片，采收时青叶数为 10 ～ 11 片；叶面颜色为绿色，有光泽，叶背有少量蜡粉，叶背中脉颜色为绿色。叶距约 13.17 厘米，叶片长约 166.5 厘米、宽约 86.1 厘米，叶形比为 1.9；叶柄长度约 34.56 厘米。果穗商品性状良好，呈长圆柱形，长约 62.9 厘米，围度（周长）为 105.0 厘米。穗柄长为 30.5 厘米，穗柄粗（周长）为 23.0 厘米。果穗结构较紧凑，梳形整齐，果梳和果指大小均匀，果穗 7 梳的总果数约为 136 根；果指长度略短，约 19.1 厘米，粗度（周长）约为 12.4 厘米，单果重约 168.5 克；果指果形轻微弯曲，果顶钝尖，棱角不明显；生果皮为绿色，熟果皮为黄色，无果皮开裂现象，果实横切面微具棱角；果肉为黄白色，风味香甜，品质优良。

评　　价 | 植株矮化，具有矮化品种的特点。果实品质优，味浓甜、微香，不抗枯萎病 4 号生理小种。

图片拍摄：盛　鸥　魏岳荣

（9）中蕉 12 号（Zhongjiao No.12）

分　　类｜芭蕉科（*Musaceae*）、芭蕉属（*Musa*）、真蕉组（*Eumusa*）

基因组类型｜AAA

栽培类型｜香牙蕉（Cavendish）

学　　名｜（*Musa* spp. Cavendish subgroup AAA）cv Zhongjiao No.12

来　　源｜广东省农业科学院果树研究所选育，2017 年获植物新品种权保护证书。

主要性状｜植株极矮化，田间假茎高 82 ～ 95 厘米，叶姿较直立呈扇形排列，叶距较密，5.5 ～ 10.5 厘米；叶柄较短，10.4 ～ 15.6 厘米，叶片较短。果指较小且长直，12 ～ 15 厘米；产量为 10 ～ 12 千克/株，果实品质优。该品种具备观赏及鲜食两种功能，不但在香蕉适种地区可栽培，而且可露天栽种点缀庭园，由于树形矮小，也适于北方地区温室内栽培，用于休闲观光，以及生态农业建设，具有重要的经济价值及推广前景。

评　　价｜植株极矮化，可作盆景观赏。

图片拍摄：盛　鸥

（10）宝岛蕉（Baodaojiao）

分　　类｜芭蕉科（*Musaceae*）、芭蕉属（*Musa*）、真蕉组（*Eumusa*）

基因组类型｜AAA

栽培类型｜香牙蕉（Cavendish）

学　　名｜（*Musa* spp. Cavendish subgroup AAA）cv Baodaojiao

来　　源｜中国热带农业科学院联合海南蓝祥联农科技开发有限公司选育，于2012年获海南省农作物品种审定委员会认定。

主要性状｜该品种生育期12～14个月，比主栽品种'巴西蕉'长30～60天。植株高约280厘米，假茎粗壮。叶片厚而宽圆、深绿色；叶姿较直立，宿根蕉或冬季时叶片容易对生；叶柄稍短，柄缘有细密皱褶。假茎呈青绿色或深绿色，茎基部泛紫红色。雄花序较'巴西蕉'等品种大，苞片不易脱落。果梳排列较整齐、紧密，少有双孖果，每果穗总果指数达191～240根；果柄稍短，果皮呈深绿色，催熟后呈鲜黄色；果肉呈乳白色，口感香甜。抗性与'巴西蕉'等常规品种相当；对香蕉花蓟马侵入花苞引起的果房水锈，受害程度较'巴西蕉'严重；产量较高，平均每穗果重25～40千克，最高可达45千克。

评　　价｜该品种假茎粗壮，产量较高，抗香蕉枯萎病热带4号生理小种；果实催熟后呈鲜黄色，转黄均匀一致，果肉香甜。

图片拍摄：魏守兴

（11）桂蕉 6 号（Guijiao No.6）

分　　类 | 芭蕉科（*Musaceae*）、芭蕉属（*Musa*）、真蕉组（*Eumusa*）

基因组类型 | AAA

栽培类型 | 香牙蕉（Cavendish）

学　　名 | （*Musa* spp. Cavendish subgroup AAA）cv Guijiao No.6

来　　源 | 广西植物组培苗有限公司、广西美泉新农业科技有限公司和广西壮族自治区农业科学院生物技术研究所共同选育。

主要性状 | 植株长势旺盛，假茎粗壮，株高 240 ～ 300 厘米，基茎围 70 ～ 90 厘米；假茎基色为青绿色，间有黑褐色，比巴西蕉略深。果穗长 90 ～ 130 厘米，每穗有 7 ～ 14 梳，每梳果指数 15 ～ 38 条，果指长 24 ～ 30 厘米，果指微弯，排列紧凑；果梳排列整齐，成熟后果皮呈黄色；果甜度适中，香味浓，耐贮运。生育期为 360 ～ 400 天，抽生叶片 35 ～ 37 片，叶片长 210 ～ 250 厘米，宽 88 ～ 95 厘米，叶形比为 2.3 ～ 2.6，叶片较'巴西蕉'长、宽大；叶柄间距 10.5 ～ 11.2 厘米，叶柄长 30 ～ 35 厘米，叶柄凹槽明显，叶翼明显并外翻，叶翼边缘呈红色。一般株产 25 ～ 30 千克，亩产 3 000 ～ 4 000 千克。易感香蕉镰刀菌枯萎病、束顶病、花叶心腐病、根结线虫病，不耐低温霜冻。

评　　价 | '威廉斯'中选育的优良品种；产量高，梳形整齐、美观；果皮厚，耐储运，品质优良，适应性强，栽培技术成熟，适宜我国各蕉区无枯萎病地种植。

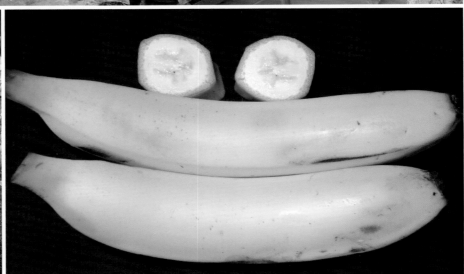

图片拍摄：盛　鸥　苏祖祥

（12）桂蕉 1 号（Guijiao No.1）

分　　类｜芭蕉科（*Musaceae*）、芭蕉属（*Musa*）、真蕉组（*Eumusa*）

基因组类型｜AAA

栽培类型｜香牙蕉（Cavendish）

学　　名｜（*Musa* spp. Cavendish subgroup AAA）cv Guijiao No.1

来　　源｜由广西美泉新农业科技有限公司、广西植物组培苗有限公司和广西壮族自治区农业科学院生物技术研究所共同选育，2012 年通过广西壮族自治区农作物品种审定委员会审定。

主要性状｜假茎高 240 ～ 300 厘米，基茎围 70 ～ 90 厘米。果穗长 90 ～ 130 厘米，每穗 7 ～ 14 梳，排列紧凑、整齐，果形美观；每梳果指数 16 ～ 38 根，果指长 24 ～ 30 厘米，八成熟果果指直径 3.5 ～ 4.2 厘米，果皮厚 0.35 ～ 0.48 厘米，株产 25 ～ 50 千克，较'桂蕉 6 号'高。全生育期约 12 个月，光温条件较好的地区其生育期较短，比'桂蕉 6 号'少 20 天左右。果指微弯，青蕉果皮绿色，催熟后金黄色，口感质软味香甜。该品种的适应性强，但易感香蕉枯萎病 4 号生理小种。

评　　价｜'威廉斯'中选育的优良品种，适应性强，产量高、商品性好，栽培技术成熟；易感香蕉枯萎病 4 号生理小种。

图片拍摄：苏祖祥　盛　鸥

（13）桂蕉9号（Guijiao No.9）

| **分　　类** | 芭蕉科（*Musaceae*）、芭蕉属（*Musa*）、真蕉组（*Eumusa*）
| **基因组类型** | AAA
| **栽培类型** | 香牙蕉（Cavendish）
| **学　　名** | （*Musa* spp. Cavendish subgroup AAA）cv Guijiao No.9
| **来　　源** | 广西壮族自治区农业科学院生物技术研究所、广西植物组培苗有限公司和广西美泉新农业科技有限公司共同选育，2020年获得植物新品种权保护证书。

主要性状｜该品种假茎黄绿色，有褐色斑块，假茎高230～320厘米，假茎基部粗（周长）70～90厘米，假茎中部粗（周长）50～70厘米，茎形比为4.5～4.9。叶片长210～280厘米，叶片宽90～110厘米，叶形比为2.3～2.6，叶柄基部有褐色斑块。果穗呈长圆柱形，果梳排列较整齐，果形美观，果穗长65～110厘米，每穗7～14梳，每梳果指数15～34条，果指排列紧凑，果指微弯，果指长18～28厘米，7～8成熟果指粗（周长）10～14厘米，平均单果重约160～200克，株产20～40千克。对尖孢镰刀菌古巴专化型4号生理小种具有一定的抗性，生育期比主栽香蕉品种'巴西蕉'等长10～20天。

评　　价｜抗香蕉枯萎病4号生理小种，产量较高、商品性好。

图片拍摄：韦　弟

（14）桂蕉早 1 号（Guijiao Zao No.1）

分　　类｜芭蕉科（*Musaceae*）、芭蕉属（*Musa*）、真蕉组（*Eumusa*）

基因组类型｜AAA

栽培类型｜香牙蕉（Cavendish）

学　　名｜（*Musa* spp. Cavendish subgroup AAA）cv Guijiao Zao No.1

来　　源｜由广西壮族自治区农业科学院生物技术研究所选育，2016 年通过广西壮族自治区农作物品种审定委员会审定。

主要性状｜生育期较短，采收期比'桂蕉 6 号'早 15 ～ 30 天。假茎高 230 ～ 250 厘米，基茎围 70 ～ 90 厘米，中茎围 50 ～ 60 厘米，假茎高度和基茎围可随种植宿根造数、水肥管理水平有差异。假茎高度、基茎围介于'桂蕉 6 号'与浦北矮蕉之间，假茎高度比'桂蕉 6 号'降低了 14.4%。假茎基色为青绿色，间有红紫色，假茎色泽随水肥管理水平不同出现偏红褐色或偏青绿色，假茎色泽表现与'桂蕉 6 号'相同。抽生叶片 30 ～ 33 片，挂果植株的第 3 片叶叶长 200 ～ 230 厘米，叶宽 80 ～ 90 厘米，叶柄长 30 ～ 50 厘米；叶柄凹槽明显，叶翼明显，反向外，叶翼边缘呈红色，花蕾呈长圆锥形，成熟蕉果呈金黄色，果肉质软。叶片长、宽比'桂蕉 6 号'短窄 10 ～ 20 厘米，叶形、姿态、叶色相同。果穗长 70 ～ 110 厘米，比'桂蕉 6 号'短 10 ～ 15 厘米，每穗有 7 ～ 14 梳，每梳果指数 16 ～ 32 条，果指长 17 ～ 23 厘米，比'桂蕉 6 号'短 1 ～ 5 厘米。果指微弯，果指排列紧凑，果梳排列整齐，成熟后果皮呈金黄色。

评　　价｜生育期较短；植株高度较常规品种低，具有矮化品种特点，植株紧凑，果指较短。易感香蕉枯萎病 4 号生理小种。

图片拍摄：牟海飞

（15）华农矮蕉 1 号（Huanong Aijiao No.1）

分　　类｜芭蕉科（*Musaceae*）、芭蕉属（*Musa*）、真蕉组（*Eumusa*）

基因组类型｜AAA

栽培类型｜香牙蕉（Cavendish）

学　　名｜（*Musa* spp. Cavendish subgroup AAA）cv Huanong Aijiao No.1

来　　源｜华南农业大学选育，于 2017 年获得植物新品种授权。

主要性状｜该品种具有矮化香蕉品种的特点，但果穗轴较其他矮秆品种长，通常为 40 ~ 55 厘米。第三梳蕉果实与果穗轴上部的夹角较小。假茎高 170 ~ 210 厘米，茎周长 50 ~ 65 厘米，果穗长 55 ~ 70 厘米，平均株产 16 ~ 30 千克，果指长 17 ~ 21 厘米。抗风，不抗枯萎病热带 4 号生理小种。

评　　价｜具有矮化香蕉品种的特点，但果穗轴较一般矮秆品种长，产量较高。

图片拍摄：徐春香

（16）东蕉 1 号（Dongjiao No.1）

分　　类｜芭蕉科（*Musaceae*）、芭蕉属（*Musa*）、真蕉组（*Eumusa*）

基因组类型｜AAA

栽培类型｜香牙蕉（Cavendish）

学　　名｜（*Musa* spp. Cavendish subgroup AAA）cv Dongjiao No.1

来　　源｜东莞市香蕉蔬菜研究所、东莞市生物技术研究所、东莞市麻涌镇漳澎香蕉专业合作社选育，于 2015 年通过广东省农作物品种审定委员会审定。

主要性状｜该品种植株长势旺盛，新植蕉全生育期 390 ～ 420 天。假茎平均高度 261.5 厘米，下部深绿带暗红色，密叶层叶柄基部深绿带红色，锈褐色斑较多；果穗呈长圆柱形，上下均匀，梳形整齐；果皮浅绿色或绿色，果指平均长 23.0 厘米，粗 12.1 厘米；果皮厚 2.75 毫米，单果重 198.6 克，可食率 64.2%；果肉黄白色，肉质软滑，风味香甜。在东莞种植时，田间表现较抗香蕉枯萎病。

评　　价｜生育期比常规香牙蕉品种长 1 ～ 2 个月，对枯萎病有一定抗性。

农科 1 号　　　东蕉 1 号

（17）红研 2 号（Hongyan No.2）

分　　类｜芭蕉科（*Musaceae*）、芭蕉属（*Musa*）、真蕉组（*Eumusa*）

基因组类型｜AAA

栽培类型｜香牙蕉（Cavendish）

学　　名｜（*Musa* spp. Cavendish subgroup AAA）cv Hongyan No.2

来　　源｜云南省红河热带农业科学研究所选育。

主要性状｜中秆香牙蕉品种，生育期 12 ～ 13 个月。植株高 250 ～ 280 厘米，基部粗 75 厘米左右。茎秆、叶柄、叶背主脉和吸芽的花青苷显色极强，呈紫黑或紫褐色；叶柄基部和叶鞘部有白色蜡粉，纹路似豹纹；产量 21 ～ 30 千克 / 株；果指长 22.90 厘米。

评　　价｜假茎色泽具有特点的香牙蕉品种。

图片拍摄：邓贵明

（18）热科 2 号（Reke No.2）

分　　类 | 芭蕉科（*Musaceae*）、芭蕉属（*Musa*）、真蕉组（*Eumusa*）

基因组类型 | AAA

栽培类型 | 香牙蕉（Cavendish）

学　　名 | （*Musa* spp. Cavendish subgroup AAA）cv Reke No.2

来　　源 | 中国热带农业科学院环境与植物保护研究所选育，于 2018 年获得植物新品种权保护证书。

主要性状 | 中秆香牙蕉品种，植物学性状与'巴西蕉'类似。株高 260 ～ 300 厘米，假茎黄绿色，花青苷显色强，叶柄基部有蜡粉；叶姿较开张，叶柄较长；生育期约 12 个月左右。果穗呈圆柱形，梳形较紧凑，产量 22 ～ 25 千克 / 株。

评　　价 | 据育种团队介绍，该品种为中抗香蕉枯萎病 4 号生理小种的香蕉新品种。

图片拍摄：盛　鸥　邓贵明

（19）农科 1 号（Nongke No.1）

分　　类｜芭蕉科（*Musaceae*）、芭蕉属（*Musa*）、真蕉组（*Eumusa*）

基因组类型｜AAA

栽培类型｜香牙蕉（Cavendish）

学　　名｜（*Musa* spp. Cavendish subgroup AAA）cv Nongke No.1

来　　源｜广州市农业科学研究院选育，2008 年通过广东省农作物品种审定委员会审定。

主要性状｜中秆香牙蕉品种，植物学性状与'巴西蕉'类似；平均株高 259 厘米，生育期比'巴西蕉'长 5～10 天。果实可溶性固形物含量、可溶性糖含量均比'巴西蕉'略高，总酸度略低，果实风味、品质好。田间表现对枯萎病热带 4 号生理小种有一定抗性。

评　　价｜早期推广较多的抗枯萎病品种。

图片拍摄：盛　鸥　邓贵明

（20）云蕉 1 号（Yunjiao No.1）

分　　类｜芭蕉科（*Musaceae*）、芭蕉属（*Musa*）、真蕉组（*Eumusa*）

基因组类型｜AAA

栽培类型｜香牙蕉（Cavendish）

学　　名｜（*Musa* spp. Cavendish subgroup AAA）cv Yunjiao No.1

来　　源｜云南省农业科学院农业环境资源研究所选育，已申请植物新品种权保护证书。

主要性状｜中秆香牙蕉品种。株高 240 ～ 300 厘米，假茎黄绿色，花青苷显色强，叶柄基部局部蜡粉，叶脉较少蜡粉；叶姿较开张；生育期约 12 个月。果穗呈长圆柱形，梳形较好，产量 22 ～ 26 千克 / 株。

评　　价｜据育种团队介绍，该品种为中抗香蕉枯萎病 4 号生理小种的香蕉新品种。

图片拍摄：盛鸥、邓贵明

（21）索马里（A Cavendish variety from Somalia）

分　　类 | 芭蕉科（*Musaceae*）、芭蕉属（*Musa*）、真蕉组（*Eumusa*）

基因组类型 | AAA

栽培类型 | 香牙蕉（Cavendish）

学　　名 | *Musa* spp. Cavendish subgroup AAA

来　　源 | 资源圃内早期保存的品种资源，来自索马里。

主要性状 | 该品种属中高秆香牙蕉品种，生育期 12 个月。假茎粗壮，株型较好，株高 220 ～ 260 厘米，假茎颜色在抽蕾前为红绿色，收获时颜色渐深，假茎花青苷显色较明显。叶片长且宽，较直立，叶鞘有点状和长块状色斑，蜡粉少或无。产量较高，18 ～ 26 千克 / 株，梳形较整齐。

评　　价 | 商品性较好，后续将进一步评价。

图片拍摄：盛　鸥　邓贵明

（22）高脚顿地雷（Gaojiao Dundilei）

分　　类｜芭蕉科（*Musaceae*）、芭蕉属（*Musa*）、真蕉组（*Eumusa*）

基因组类型｜AAA

栽培类型｜香牙蕉（Cavendish）

学　　名｜*Musa* spp. Cavendish subgroup AAA

来　　源｜原产于广东高州市的地方优良品种。

主要性状｜高秆香牙蕉品种，生育期 12 ～ 13 个月。株高 260 ～ 350 厘米，茎秆黄绿色，较细，花青苷显色强。叶片较开张，叶片开张而下垂，叶距较疏。果穗呈长圆柱形，产量较高，26 ～ 35 千克/株，果梳较整齐，果指较直，长 20 ～ 28 厘米，单果重量较大，一般单果重可达 150 克，果肉嫩滑甜香。易受风害，适应性较弱。

评　　价｜地方特色品种资源，产量高，果指长大。植株高大，不抗风。

图片拍摄：邓贵明　盛　鸥　吕　顺

（23）矮脚顿地雷（Aijiao Dundilei）

分　　类｜芭蕉科（*Musaceae*）、芭蕉属（*Musa*）、真蕉组（*Eumusa*）

基因组类型｜AAA

栽培类型｜香牙蕉（Cavendish）

学　　名｜*Musa* spp. Cavendish subgroup AAA

来　　源｜原产于广东高州市的地方优良品种。

主要性状｜中高秆香牙蕉品种，生育期 12 ～ 13 个月。假茎粗壮，株高 250 ～ 280 厘米。茎秆红绿色，花青苷显色强。叶片较直立，叶距比'高脚顿地雷'短。果穗圆柱形，梳距较'高脚顿地雷'短，产量较'高脚顿地雷'低，18 ～ 25 千克 / 株；果指长 18 ～ 22 厘米。果肉香味浓。该品种产量稳定，适应性强，抗风力中等，耐寒力较强，遭霜冻后恢复较快。

评　　价｜地方特色品种资源，适应性较强。

图片拍摄：邓贵明　盛　鸥　吕　顺

（24）齐尾（Qi Wei）

分　　类｜芭蕉科（*Musaceae*）、芭蕉属（*Musa*）、真蕉组（*Eumusa*）

基因组类型｜AAA

栽培类型｜香牙蕉（Cavendish）

学　　名｜*Musa* spp. Cavendish subgroup AAA

来　　源｜广东高州市的地方优良品种。

主要性状｜中高秆香牙蕉品种，生育期约 12 个月。株高 250 ～ 320 厘米，基部粗约 80 厘米。茎秆黄绿色，花青苷显色强。叶片较直立向上伸长，叶片窄长，叶柄较细长、叶鞘距疏、叶片密集成束尤其在抽蕾前后甚明显，故名'齐尾'。产量较高，24 ～ 34 千克 / 株，果梳整齐，果指较长，品质较好，香味较浓。

评　　价｜地方品种资源，产量高，果指长，早期北运香蕉的主要品种之一。由于其抗风性和耐寒性较弱，逐渐被其他品种替代。

图片拍摄：邓贵明

（25）北大矮蕉（Beida Aijiao）

分　　类｜芭蕉科（*Musaceae*）、芭蕉属（*Musa*）、真蕉组（*Eumusa*）

基因组类型｜AAA

栽培类型｜香牙蕉（Cavendish）

学　　名｜*Musa* spp. Cavendish subgroup AAA

来　　源｜海南当地收集的矮蕉品种。

主要性状｜矮化香牙蕉品种，生育期 11 ～ 12 个月。株高 170 ～ 220 厘米，茎秆黄绿色，有大块色斑。果穗长度 40 ～ 60 厘米，产量中等，15 ～ 22 千克／株，果梳的平均果指数为 18.8 条，果指长 15 ～ 20 厘米，直径 35 ～ 40 mm，果指弯曲度 0.43。花轴上中性花较多，苞片宿存性无或弱。

评　　价｜矮化香牙蕉品种，丰产性较好。

图片拍摄：盛　鸥　邓贵明　吕　顺

（26）河口矮蕉（Hekou Aijiao）

分　　类｜芭蕉科（*Musaceae*）、芭蕉属（*Musa*）、真蕉组（*Eumusa*）

基因组类型｜AAA

栽培类型｜香牙蕉（Cavendish）

学　　名｜*Musa* spp. Cavendish subgroup AAA

来　　源｜云南河口早期当地主栽品种。

主要性状｜矮化香牙蕉品种，生育期 11 ～ 13 个月。株高 170 ～ 220 厘米，茎秆黄绿色，有大块色斑。产量中等，15 ～ 22 千克/株；果指长 15 ～ 20 厘米；口感柔滑香甜。

评　　价｜矮化香牙蕉品种，适合在云南山地种植。云南省红河热带农业科学研究所从中优选出红研 1 号。

图片拍摄：邓贵明

（27）陆河矮蕉（Luhe Aijiao）

分　　类｜芭蕉科（*Musaceae*）、芭蕉属（*Musa*）、真蕉组（*Eumusa*）

基因组类型｜AAA

栽培类型｜香牙蕉（Cavendish）

学　　名｜*Musa* spp. Cavendish subgroup AAA

来　　源｜从广东陆河县收集的矮化香牙蕉品种资源。

主要性状｜中秆香牙蕉品种，生育期约 12 个月。株高 160～210 厘米，茎秆黄绿色，花青苷显色强。叶片宽大但叶距较短。产量中等，18～26 千克/株；果穗紧凑，中性花残留较多，苞片宿存性强。

评　　价｜矮化香牙蕉地方品种资源。

图片拍摄：盛　鸥　邓贵明

（28）那坡高把（Napo Gaoba）

分　　类｜芭蕉科（*Musaceae*）、芭蕉属（*Musa*）、真蕉组（*Eumusa*）

基因组类型｜AAA

栽培类型｜香牙蕉（Cavendish）

学　　名｜*Musa* spp. Cavendish subgroup AAA

来　　源｜从广西百色那坡收集的中秆香牙蕉品种资源。

主要性状｜中高秆香牙蕉品种，生育期约 12 个月。株高 220 ～ 280 厘米，基部粗 75 ～ 80 厘米。茎秆黄绿色，花青苷显色强。叶片宽大，叶距较长，叶姿较开张，叶片背部主脉和叶柄有白色蜡粉。产量较高，19 ～ 25 千克/株；果穗紧凑，中性花残留较少。

评　　价｜香牙蕉地方品种资源。

图片拍摄：邓贵明

（29）天宝高蕉（Tianbao Gaojiao）

分　类	芭蕉科（*Musaceae*）、芭蕉属（*Musa*）、真蕉组（*Eumusa*）
基因组类型	AAA
栽培类型	香牙蕉（Cavendish）
学　名	（*Musa* spp. Cavendish subgroup AAA）cv 'Tianbao Gaojiao'
来　源	资源圃内早期保存品种，系福建漳州地方品种，1993年经福建省农作物品种审定委员会定名。

主要性状｜属高秆香牙蕉系列（Giant Cavendish）。假茎粗壮，株高260～360厘米，生育期12～13个月。茎秆红绿色，颜色比'巴西蕉'深，有大块褐色斑；叶片长且宽大，叶距较疏，叶柄基部通常有白粉。果穗长75～85厘米，果梳数可达9～11梳，果指长19.5～20.0厘米；果肉柔滑、味甜而香；易高产，一般情况下单株正造产量为20～25千克，最高可达60千克。该品种适应性较好，耐旱和耐寒能力都较强，受寒害后恢复生长快，但易受风害，易感香蕉枯萎病。

评　价｜地方优良品种，丰产性能突出。

图片拍摄：盛　鸥

（30）天一（Tianyi）

分　　类｜芭蕉科（*Musaceae*）、芭蕉属（*Musa*）、真蕉组（*Eumusa*）

基因组类型｜AAA

栽培类型｜香牙蕉（Cavendish）

学　　名｜*Musa* spp. Cavendish subgroup AAA

来　　源｜天宝蕉中发现的自然变异。

主要性状｜天宝蕉系列中发现的变异株系，植物学性状与'天宝高蕉'类似，但植株高度降低。假茎粗度较常规天宝蕉品种细，株高220～280厘米，生育期12～13个月。幼苗时茎秆基部深红色，抽蕾时茎秆黄绿色，后期颜色逐渐加深；产量较高，23～26千克/株。

评　　价｜矮化的天宝蕉品系。

图片拍摄：盛　鸥

（31）981（No.981）

分　　类｜芭蕉科（*Musaceae*）、芭蕉属（*Musa*）、真蕉组（*Eumusa*）

基因组类型｜ AAA

栽培类型｜香牙蕉（Cavendish）

学　　名｜ *Musa* spp. Cavendish subgroup AAA

来　　源｜资源圃内早期保存的香牙蕉品种，来源不详。

主要性状｜中秆香牙蕉品种。株高 230 ～ 280 厘米，假茎红褐色、有大块色斑，叶柄有较多白色蜡粉；雄花序较小，苞片宿存性较强。果穗呈圆柱形，梳形较好，产量 18 ～ 22 千克 / 株。

评　　价｜香牙蕉品种资源。

图片拍摄：盛　鸥　邓贵明

（32）Dwarf Cavendish

分　　类｜芭蕉科（*Musaceae*）、芭蕉属（*Musa*）、真蕉组（*Eumusa*）

基因组类型｜AAA

栽培类型｜香牙蕉（Cavendish）

学　　名｜*Musa* spp. Cavendish subgroup AAA

来　　源｜国外引进的矮秆香牙蕉品种资源。

主要性状｜典型矮化香牙蕉品种。株高 120 ～ 160 厘米，假茎黄绿色，有色斑。叶姿直立而紧凑，叶距短，叶片较厚。果穗紧凑，梳距短，果指短；催熟后果肉香甜，但易断把，不耐贮运。

评　　价｜矮化香牙蕉品种资源。

图片拍摄：盛　鸥　邓贵明

（33）GCTCV - 105

分　　类｜芭蕉科（*Musaceae*）、芭蕉属（*Musa*）、真蕉组（*Eumusa*）

基因组类型｜AAA

栽培类型｜香牙蕉（Cavendish）

学　　名｜*Musa* spp. Cavendish subgroup AAA

来　　源｜台湾香蕉研究所筛选的体细胞变异品系。

主要性状｜假茎较常规香牙蕉品种瘦弱，株高240～280厘米，假茎黄绿色，有色斑，花青苷显色程度低；叶姿较开张。果穗呈圆柱形，较紧凑，产量18～23千克/株；田间表现易感叶斑病；比对枯萎病抗性较普通香牙蕉品种稍强。

评　　价｜台湾香蕉研究所最初筛选的中抗香蕉枯萎病品系，在后续田间评价时对枯萎病抗性不如其他GCTCV品系，商品性不佳，后续从中筛选出商品性较好的台蕉7号。

图片拍摄：盛　鸥　邓贵明

（34）Gran Enano

分　　类｜芭蕉科（*Musaceae*）、芭蕉属（*Musa*）、真蕉组（*Eumusa*）

基因组类型｜AAA

栽培类型｜香牙蕉（Cavendish）

学　　名｜*Musa* spp. Cavendish subgroup AAA

来　　源｜大奈因（Grand Nain）品系之一。

主要性状｜与 'G9' 类似，但生育期更短。假茎偏矮瘦，株高 180 ～ 240 厘米；假茎黄绿色，在强光下有色斑较多、花青苷显色弱或中，在大棚内种植花青苷显色极弱或无；叶姿较开张。果穗呈圆柱形，较紧凑，产量 15 ～ 22 千克 / 株；果穗梳距合适，果形较好，商品性好。

评　　价｜具有生育期短、商品性好、品质优等特点，可作为诱变育种的好材料。

图片拍摄：盛　鸥　邓贵明

（35）GN 60A

分　　类｜芭蕉科（*Musaceae*）、芭蕉属（*Musa*）、真蕉组（*Eumusa*）

基因组类型｜AAA

栽培类型｜香牙蕉（Cavendish）

学　　名｜*Musa* spp. Cavendish subgroup AAA

来　　源｜大奈因（Grand Nain）的辐射诱变后代。

主要性状｜具有典型的大奈因（Grand Nain）特点：茎秆黄绿色、有色斑，假茎较瘦弱，叶柄蜡粉少。该品种是大奈因（Grand Nain）的矮化突变，矮化特征明显：假茎120～180厘米，叶距较短，叶片紧凑而直立，果穗短而粗，果指较短。但该品种与其他矮化品种不同，果指较整齐，乱把的情况较少见。产量12～18千克/株。

评　　价｜典型的矮化品种资源。

图片拍摄：盛　鸥　邓贵明

分　　类｜芭蕉科（*Musaceae*）、芭蕉属（*Musa*）、真蕉组（*Eumusa*）

基因组类型｜AAA

栽培类型｜香牙蕉（Cavendish）

学　　名｜*Musa* spp. Cavendish subgroup AAA

来　　源｜台湾香蕉研究所筛选的体细胞变异品系。

主要性状｜性状与'GCTCV-105'类似，假茎较常规香牙蕉品种瘦弱，株高 250 ～ 300 厘米。假茎青绿色，有色斑，抽蕾时花青苷显色程度低；叶姿较开张。果穗呈圆柱形，较紧凑，产量较高，20 ～ 26 千克 / 株，果梳较整齐，果指较'GCTCV-105'长；对枯萎病热带 4 号胜利小种的抗性较普通香牙蕉品种稍强，但比'GCTCV-105'弱。

评　　价｜台湾香蕉研究所最初筛选的抗香蕉枯萎病品系，但在后续田间评价时对枯萎病抗性不如其他 GCTCV 品系，但其商品性较好。

图片拍摄：盛　鸥　邓贵明

（37）Poyo

分　　类│芭蕉科（*Musaceae*）、芭蕉属（*Musa*）、真蕉组（*Eumusa*）

基因组类型│AAA

栽培类型│香牙蕉（Cavendish）

学　　名│*Musa* spp. Cavendish subgroup AAA

来　　源│国外引进的高秆香牙蕉品种资源。

主要性状│著名的高秆香牙蕉品种，假茎较常规香牙蕉品种高，平均280～350厘米，最高可达400厘米左右。假茎青绿色，有色斑，抽蕾时花青苷显色程度中等；叶姿开张，叶片宽大。果穗呈长圆柱形，较紧凑，产量高，24～35千克/株，果梳整齐，商品性好；品质优，口感香甜。易感枯萎病热带4号生理小种。

评　　价│是香牙蕉商业化种植初期国际上广泛栽培的品种，由于其植株过于高大（抗风性较差，不利于采收），以及生育期较大奈因（Grand Nain）长等原因，逐渐被中秆香牙蕉［如大奈因（Grand Nain）品系］替代。

图片拍摄：盛　鸥　邓贵明

（38）Robusta

分　　类｜芭蕉科（*Musaceae*）、芭蕉属（*Musa*）、真蕉组（*Eumusa*）

基因组类型｜AAA

栽培类型｜香牙蕉（Cavendish）

学　　名｜*Musa* spp. Cavendish subgroup AAA

来　　源｜来源于印度当地的香牙蕉主栽品种之一。

主要性状｜著名的印度高秆香牙蕉品种，但在国内表现较矮化，平均 180～250 厘米；生育期 11～12 个月。假茎黄绿色，抽蕾时花青苷显色程度较低；叶姿开张，叶距较短。果穗呈圆柱形，较紧凑，产量 14～19 千克/株，果梳较整齐，口感香甜。

评　　价｜国际上常见香牙蕉品种资源。

图片拍摄：盛　鸥　邓贵明

（39）龙州中把（Longzhou Zhongba）

分　　类｜芭蕉科（*Musaceae*）、芭蕉属（*Musa*）、真蕉组（*Eumusa*）

基因组类型｜AAA

栽培类型｜香牙蕉（Cavendish）

学　　名｜*Musa* spp. Cavendish subgroup AAA

来　　源｜原产于广西龙州地方栽培品种。

主要性状｜中秆香牙蕉品种，生育期约 12 个月。株高 180 ～ 260 厘米，茎秆黄绿色，有大块色斑；产量中等，18 ～ 26 千克 / 株；果穗紧凑，果指较长。

评　　价｜香牙蕉地方品种资源。

图片拍摄：邓贵明

（40）B61（Williams B61）

分　　类｜芭蕉科（*Musaceae*）、芭蕉属（*Musa*）、真蕉组（*Eumusa*）

基因组类型｜AAA

栽培类型｜香牙蕉（Cavendish）

学　　名｜*Musa* spp. Cavendish subgroup AAA

来　　源｜资源圃内早期保存的香牙蕉品种，'威廉斯'品系之一。

主要性状｜中秆香牙蕉品种，生育期11～12个月。株高250～300厘米，假茎较粗壮，茎秆黄绿色或红绿色，叶柄基部有色斑，叶姿开张；苞片宿存性较弱。果穗呈圆柱形，梳形较好，产量较高，18～25千克/株。

评　　价｜'威廉斯'品种群早期品种。

图片拍摄：盛　鸥　邓贵明

（41）G9

分　　类｜芭蕉科（*Musaceae*）、芭蕉属（*Musa*）、真蕉组（*Eumusa*）

基因组类型｜AAA

栽培类型｜香牙蕉（Cavendish）

学　　名｜*Musa* spp. Cavendish subgroup AAA

来　　源｜资源圃内早期保存品种，大奈因（Grand Nain）品系之一。

主要性状｜中秆偏矮品种，生育期 11 ～ 12 个月。株高 190 ～ 240 厘米，茎秆黄绿色。产量中等，18 ～ 25 千克 / 株；梳距合适，果形较好，商品性好。

评　　价｜国际上栽培最广泛的香牙蕉品系，具有生育期短、商品性好、品质优等特点。

图片拍摄：盛　鸥　邓贵明

（42）G9H

分　　类 | 芭蕉科（*Musaceae*）、芭蕉属（*Musa*）、真蕉组（*Eumusa*）

基因组类型 | AAA

栽培类型 | 香牙蕉（Cavendish）

学　　名 | *Musa* spp. Cavendish subgroup AAA

来　　源 | 'G9' 的高产突变，大奈因（Grand Nain）品系之一。

主要性状 | 植物学性状和 'G9' 类似，生育期 11～12 个月。中秆品种，株高 200～250 厘米，茎秆黄绿色，花青苷显色强或极强。果穗较 'G9' 长，产量较高，20～26 千克 / 株；梳距合适，果形较好，商品性好。

评　　价 | 具有生育期短、商品性好、品质优等特点。

图片拍摄：盛　鸥　邓贵明

（43）KB3

分　　类｜芭蕉科（*Musaceae*）、芭蕉属（*Musa*）、真蕉组（*Eumusa*）

基因组类型｜AAA

栽培类型｜香牙蕉（Cavendish）

学　　名｜*Musa* spp. Cavendish subgroup AAA

来　　源｜广东省农业科学院果树研究所从'巴西蕉'诱变后代中筛选而来。

主要性状｜植物学性状和'巴西蕉'类似，但茎秆和雄花序颜色变浅，茎秆呈现黄绿色，雄花序呈现浅黄色或黄色。株高220～280厘米，叶柄基部蜡粉中等或较少，色斑明显，呈"V"字形。叶片层叠程度视栽培条件而有变化：在气温较高、肥水条件较好的情况下，叶片层叠程度较低；在气温较低、肥水条件一般且生育期较长的情况下，叶片层叠程度较高，此时叶片较开张。产量较高，20～23千克/株；梳距合适，果形较好，商品性较好。初期田间观察，对枯萎病热带4号生理小种有一定抗性。

评　　价｜对枯萎病有一定抗性，生育期适中，商品性较好，后续进一步观察。

图片拍摄：盛　鸥　邓贵明

（44）SBV

分　　类｜芭蕉科（*Musaceae*）、芭蕉属（*Musa*）、真蕉组（*Eumusa*）

基因组类型｜ AAA

栽培类型｜香牙蕉（Cavendish）

学　　名｜ *Musa* spp. Cavendish subgroup AAA

来　　源｜广东省农业科学院果树研究所从'巴西蕉'田间变异后代中筛选而来。

主要性状｜植物学性状和'巴西蕉'类似，但产量更高。株高 250 ～ 300 厘米，茎秆黄绿色，叶片较开张，叶柄基部蜡粉中等或较少，抽蕾时假茎花青苷显色中等。果穗呈长圆柱形，产量较高，24 ～ 30 千克 / 株；梳距合适，果形美观，商品性较好。

评　　价｜高产香牙蕉品系，后续可进一步观察。

图片拍摄：盛　鸥　邓贵明

（45）WGH

分　　类｜芭蕉科（*Musaceae*）、芭蕉属（*Musa*）、真蕉组（*Eumusa*）

基因组类型｜ AAA

栽培类型｜香牙蕉（Cavendish）

学　　名｜ *Musa* spp. Cavendish subgroup AAA

来　　源｜广东省农业科学院果树研究所田间筛选获得的优系。

主要性状｜该品系具有大奈因（Grand Nain）的生育期较短的优点，但产量和商品性更好。该品系植株长势旺盛，假茎平均高 215.2 厘米，采收期比大奈因早 10 天，比'巴西蕉'早 30 天左右。叶姿较直立，叶片较长而宽。丰产性能较好，平均单株产量 24.4 千克，折合亩产量 2 928 千克。该品系果穗紧凑，果指微弯，平均长

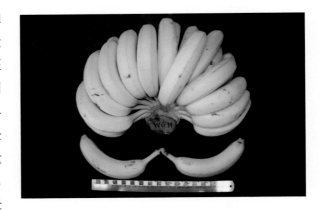

21.1 厘米、粗（周长）12.0 厘米、单果重 165 克；果皮无开裂现象，果实横切面微具棱角；果皮平均厚 0.31 厘米，果实可食率 66.9%；果肉黄白色，肉质嫩滑，口感好，风味香甜，可溶性固形物含量 19.24%，可溶性糖含量 16.3%，蔗糖含量 5.51%，可滴定酸含量 0.269%。田间易感枯萎病热带 4 号生理小种。

评　　价｜生育期较短，产量较高，品质优，商品性较好，后续将进一步观察。

图片拍摄：盛　鸥　邓贵明

（46）X5

分　类｜芭蕉科（*Musaceae*）、芭蕉属（*Musa*）、真蕉组（*Eumusa*）

基因组类型｜AAA

栽培类型｜香牙蕉（Cavendish）

学　名｜*Musa* spp. Cavendish subgroup AAA

来　源｜资源圃内保存的早期收集的国外品种，来源国不详。

主要性状｜该品种属中秆香牙蕉品种，株高 220 ～ 280 厘米。假茎颜色在抽蕾前偏淡黄色，收获时颜色渐深，假茎花青苷显色明显，有大块色斑，有时会连片分布。产量 18 ～ 22 千克 / 株，梳形较整齐。

评　价｜商品性较好，后续将进一步观察。

图片拍摄：盛　鸥　邓贵明

（47）印度 3 号（No.3 from India）

分　　类｜芭蕉科（*Musaceae*）、芭蕉属（*Musa*）、真蕉组（*Eumusa*）

基因组类型｜AAA

栽培类型｜香牙蕉（Cavendish）

学　　名｜*Musa* spp. Cavendish subgroup AAA

来　　源｜资源圃内早期保存的香牙蕉品种，来自印度。

主要性状｜中秆香牙蕉品种，类似印度香牙蕉品种 Robust 类型。株高 230 ～ 300 厘米，假茎青绿色、有色斑；雄花序较小，花轴有时会弯曲；苞片宿存性较强。产量 18 ～ 25 千克 / 株。

评　　价｜香牙蕉品种资源。

图片拍摄：盛　鸥　邓贵明

（48）印度 4 号（No.4 from India）

分　　类｜芭蕉科（*Musaceae*）、芭蕉属（*Musa*）、真蕉组（*Eumusa*）

基因组类型｜AAA

栽培类型｜香牙蕉（Cavendish）

学　　名｜*Musa* spp. Cavendish subgroup AAA

来　　源｜资源圃内早期保存的香牙蕉品种，来自印度。

主要性状｜高秆香牙蕉品种。株高 260 ～ 350 厘米，假茎黄绿色，色斑较少；产量较高，株产 20 ～ 25 千克，梳形好。

评　　价｜香牙蕉品种资源。

图片拍摄：盛　鸥　邓贵明

（49）印度 5 号（No.5 from India）

分　　类│芭蕉科（*Musaceae*）、芭蕉属（*Musa*）、真蕉组（*Eumusa*）

基因组类型│ AAA

栽培类型│香牙蕉（Cavendish）

学　　名│ *Musa* spp. Cavendish subgroup AAA

来　　源│资源圃内早期保存的香牙蕉品种，来自印度。

主要性状│中秆偏矮香牙蕉品种。假茎粗壮，株高 220 ～ 280 厘米，茎秆底色红绿色，色斑较多。叶柄蜡粉多；叶姿较开张，但叶距较短。果穗较紧凑，产量中等，株产 15 ～ 22 千克。

评　　价│具有一定矮化性特点的香牙蕉品种资源。

图片拍摄：盛　鸥　邓贵明

（50）漳选 2 号（Zhangxuan No.2）

分　　类｜芭蕉科（*Musaceae*）、芭蕉属（*Musa*）、真蕉组（*Eumusa*）

基因组类型｜AAA

栽培类型｜香牙蕉（Cavendish）

学　　名｜ *Musa* spp. Cavendish subgroup AAA

来　　源｜福建漳州早期选育的地方优良品种。

主要性状｜中高秆香牙蕉品种，生育期约 12 个月。株高 230 ～ 280 厘米，基部粗约 75 厘米。茎秆黄绿色，花青苷显色强；叶片较直立向上伸长。产量较高，24 ～ 31 千克 / 株，果梳较整齐。在高温高湿条件下易感叶斑病。

评　　价｜地方特色品种资源，产量高。

图片拍摄：邓贵明

（51）漳蕉 8 号（Zhangjiao No.8）

分　　类｜芭蕉科（*Musaceae*）、芭蕉属（*Musa*）、真蕉组（*Eumusa*）

基因组类型｜AAA

栽培类型｜香牙蕉（Cavendish）

学　　名｜*Musa* spp. Cavendish subgroup AAA

来　　源｜福建省漳州市农业局通过物理辐射诱变技术，从台湾北蕉中选育，2003 年 3 月通过福建省非主要农作物品种认定委员会认定。

主要性状｜中高株香牙蕉品种。生育期 12 ～ 14 个月，比普通香牙蕉品种长 1 个月左右。株高 250 ～ 320 厘米，假茎浅黄绿色，基部周长 65 ～ 85 厘米，叶姿开张，叶片宽而长，叶柄较长；果穗呈长圆柱形，果轴茸毛较少。果实产量高，22 ～ 35 千克 / 株，梳形好，果指长 21 厘米左右。果实质地柔滑，风味香甜。由于植株较高，抗风能力稍差。

评　　价｜福建选育的地方优良品种。

图片拍摄：邓贵明　盛　鸥

（52）GCTCV - 106

分　　类｜芭蕉科（*Musaceae*）、芭蕉属（*Musa*）、真蕉组（*Eumusa*）

基因组类型｜AAA

栽培类型｜香牙蕉（Cavendish）

学　　名｜*Musa* spp. Cavendish subgroup AAA

来　　源｜台湾香蕉研究所筛选的体细胞变异品系。

主要性状｜假茎较常规香牙蕉品种瘦弱，生育期较'GCTCV-105'短、抽蕾较早；株高 230 ～ 260 厘米。假茎黄绿色，有色斑，花青苷显色程度中等；叶姿较直立，叶距较短。果穗呈圆柱形，较紧凑，中性花宿存性较少，雄花蕾较'GCTCV-105'小；产量 18 ～ 23 千克 / 株。对枯萎病抗性较'GCTCV-105'差。

评　　价｜台湾香蕉研究所最初筛选的中抗香蕉枯萎病品系，在后续田间评价时对枯萎病抗性不如其他 GCTCV 品系，商品性不佳。

图片拍摄：盛　鸥　邓贵明

（53）GCTCV-215

分　　类｜芭蕉科（*Musaceae*）、芭蕉属（*Musa*）、真蕉组（*Eumusa*）

基因组类型｜AAA

栽培类型｜香牙蕉（Cavendish）

学　　名｜*Musa* spp. Cavendish subgroup AAA

来　　源｜台湾香蕉研究所筛选的体细胞变异品系。

主要性状｜假茎较常规香牙蕉品种高，茎秆细长，株高240～300厘米。生育期较 'GCTCV-105' 和 'GCTCV-106' 长，比普通香牙蕉品种长1～3个月。叶姿较直立，叶片较窄长，叶缘易出现干枯带状斑，后期新叶顶端扭曲不整是其主要特征；叶柄基部及叶鞘部有大块红褐色斑，有白色蜡粉。抽蕾前假茎黄绿色，花青苷显色程度中等；产量18～23千克/株。对枯萎病抗性较 'GCTCV-106' 高。

评　　价｜台湾香蕉研究所最初选育的中抗香蕉枯萎病品系，在后续田间评价时发现其生育期较长、不抗风、产量较低。

图片拍摄：盛　鸥

（54）Pisang Masak Hijau

分　　类｜芭蕉科（*Musaceae*）、芭蕉属（*Musa*）、真蕉组（*Eumusa*）

基因组类型｜AAA

栽培类型｜香牙蕉（Cavendish）

学　　名｜*Musa* spp. Cavendish subgroup AAA

来　　源｜原产于马来西亚和菲律宾。

主要性状｜高秆香牙蕉品种，假茎较常规香牙蕉品种高，平均高度 350 厘米，最高可达 400 厘米以上；假茎较细长，青绿色或黄绿色，花青苷显色中等，叶柄基部有斑块；叶姿较直立，叶片宽大。果穗呈长圆柱形，果梳紧凑，产量较高，21 ～ 30 千克 / 株。

评　　价｜高秆香牙蕉品种。

图片拍摄：盛　鸥　邓贵明

（55）SDGH 黄（A variant from Grand Nain）

分　　类｜芭蕉科（*Musaceae*）、芭蕉属（*Musa*）、真蕉组（*Eumusa*）

基因组类型｜AAA

栽培类型｜香牙蕉（Cavendish）

学　　名｜*Musa* spp. Cavendish subgroup AAA

来　　源｜广东省农业科学院果树研究所从大奈因（Grand Nain）组培变异中发现的黄秆变异单株选育的优系。

主要性状｜中秆香牙蕉品种，株高平均 210～260 厘米，比大奈因（Grand Nain）略高。假茎浅黄或黄绿色，较少大块褐色斑。雄花序、苞片、吸芽等组织部位颜色深黄或黄色。生育期 11～12 个月。果穗呈长圆柱形，花轴很直，中性花残存较多；产量较高，22～30 千克/株；果皮颜色较浅。

评　　价｜株形较好，产量较高，将进一步评价性状。

图片拍摄：盛　鸥　邓贵明

（56）X1

分　　类｜芭蕉科（*Musaceae*）、芭蕉属（*Musa*）、真蕉组（*Eumusa*）

基因组类型｜AAA

栽培类型｜香牙蕉（Cavendish）

学　　名｜*Musa* spp. Cavendish subgroup AAA

来　　源｜资源圃内保存的早期收集的国外品种。

主要性状｜中秆香牙蕉品种，株高 210 ～ 260 厘米。假茎红绿色，茎秆花青苷显色极强，茎中部及基部红褐色，叶鞘有大块色斑。产量中等，18 ～ 24 千克 / 株，梳形较整齐。

评　　价｜商品性较好，后续将进一步评价。

图片拍摄：盛 鸥 邓贵明

（57）大丰 1 号（Dafeng No.1）

分　　类｜芭蕉科（*Musaceae*）、芭蕉属（*Musa*）、真蕉组（*Eumusa*）

基因组类型｜AAA

栽培类型｜香牙蕉（Cavendish）

学　　名｜（*Musa* spp. Cavendish subgroup AAA）cv Dafeng No.1

来　　源｜广东省农业科学院果树研究所选育，通过广东省农作物品种审定委员会审定。

主要性状｜中秆香牙蕉品种，株高平均 230 厘米左右，比'广东香蕉 2 号'略高，假茎基部粗约 70 厘米；生育期 11 ～ 12 个月。假茎黄绿色，花青苷显色强。果穗呈长圆柱形，花轴很直，常有几梳中性花残存。产量较高，22 ～ 30 千克 / 株；果指长大，单果重 160 克，比'广东香蕉 2 号'略高，商品性较好。

评　　价｜丰产性好，果指长大，风味香甜。

图片拍摄：盛　鸥　邓贵明

（58）登科 1 号（Dengke No.1）

分　　类｜芭蕉科（*Musaceae*）、芭蕉属（*Musa*）、真蕉组（*Eumusa*）

基因组类型｜AAA

栽培类型｜香牙蕉（Cavendish）

学　　名｜*Musa* spp. Cavendish subgroup AAA

来　　源｜从福建省收集的地方品种。

主要性状｜中秆香牙蕉品种，株高平均 220 ～ 260 厘米，生育期约 12 个月。假茎黄绿色，花青苷显色强。果穗呈长圆柱形，花轴上中性花残存较多。产量较高，22 ～ 26 千克/株。

评　　价｜地方品种资源。

图片拍摄：邓贵明

（59）定安高芽（Ding'an Gaoya）

分　　类｜芭蕉科（*Musaceae*）、芭蕉属（*Musa*）、真蕉组（*Eumusa*）

基因组类型｜AAA

栽培类型｜香牙蕉（Cavendish）

学　　名｜*Musa* spp. Cavendish subgroup AAA

来　　源｜从海南省收集的地方品种。

主要性状｜中秆香牙蕉品种，株高平均 220 ～ 260 厘米，生育期约 12 个月。假茎黄绿色，花青苷显色强。上部叶片较直立，下部叶片下垂易折断。果穗呈长圆柱形，花轴上中性花残存 3 ～ 4 梳。产量较高，18 ～ 24 千克 / 株。

评　　价｜地方品种资源。

图片拍摄：邓贵明

（60）东莞中把（Dongguan Zhongba）

分　　类｜芭蕉科（*Musaceae*）、芭蕉属（*Musa*）、真蕉组（*Eumusa*）

基因组类型｜AAA

栽培类型｜香牙蕉（Cavendish）

学　　名｜*Musa* spp. Cavendish subgroup AAA

来　　源｜原产于广东东莞的地方品种，珠三角地区早期主栽品种之一。

主要性状｜中秆香牙蕉品种，株高平均 230 ～ 260 厘米，生育期 11 ～ 13 个月。假茎黄绿色，花青苷显色强。叶姿较直立；果穗长圆柱形，花轴上中性花残存少或无。产量较高，18 ～ 30 千克 / 株，梳形一般。品质良好。

评　　价｜地方品种资源。

图片拍摄：邓贵明

（61）河口中把（Hekou Zhongba）

分　　类｜芭蕉科（*Musaceae*）、芭蕉属（*Musa*）、真蕉组（*Eumusa*）

基因组类型｜AAA

栽培类型｜香牙蕉（Cavendish）

学　　名｜*Musa* spp. Cavendish subgroup AAA

来　　源｜云南河口早期当地主栽品种。

主要性状｜中秆偏矮香牙蕉品种，生育期 11 ～ 13 个月。株高 190 ～ 240 厘米，茎秆红绿色、中下部花青苷显色强。叶片宽大，下部叶片易折断。果穗较紧凑，中性花残存 3 ～ 5 梳；产量中等，17 ～ 22 千克 / 株；果指长 15 ～ 20 厘米；口感香甜。

评　　价｜云南河口早期栽培品种，适合在高温多湿及肥水充足的地区栽种。

图片拍摄：邓贵明

（62）菲律宾（A Cavendish variety from Philippines）

分　　类｜芭蕉科（*Musaceae*）、芭蕉属（*Musa*）、真蕉组（*Eumusa*）

基因组类型｜AAA

栽培类型｜香牙蕉（Cavendish）

学　　名｜*Musa* spp. Cavendish subgroup AAA

来　　源｜资源圃内保存的早期品种资源，来自菲律宾。

主要性状｜该品种属中秆香牙蕉品种，可能是大奈因（Grand Nain）类型，生育期11～12个月。株高220～260厘米，假茎颜色在抽蕾前偏淡黄绿色，收获时颜色渐深，假茎花青苷显色明显，叶鞘有色斑，不连片。产量18～25千克/株，梳形较整齐。

评　　价｜生育期较短、商品性较好，后续将进一步评价。

图片拍摄：盛　鸥　邓贵明

（63）广东香蕉 2 号（Guangdong Xiangjiao No.2）

分　　类｜芭蕉科（*Musaceae*）、芭蕉属（*Musa*）、真蕉组（*Eumusa*）

基因组类型｜AAA

栽培类型｜香牙蕉（Cavendish）

学　　名｜（*Musa* spp. Cavendish subgroup AAA）cv Guangdong Xiangjiao No.2

来　　源｜广东省农业科学院果树研究所选育，通过广东省农作物品种审定委员会审定。

主要性状｜中秆香牙蕉品种，株高 210 ～ 260 厘米。假茎红绿色，茎秆中下部花青苷显色极强。叶片稍短阔，叶鞘有大块色斑。果穗长圆柱形，花轴上中性花残存较多，果穗梳数及果指数较多，果指稍细长。抗风力较强，近似矮秆香蕉。

评　　价｜该品种丰产、果形好、品质较好、适应性强。

图片拍摄：盛　鸥　邓贵明

（64）华莞矮蕉（Huaguan Aijiao）

分　　类｜芭蕉科（*Musaceae*）、芭蕉属（*Musa*）、真蕉组（*Eumusa*）

基因组类型｜AAA

栽培类型｜香牙蕉（Cavendish）

学　　名｜（*Musa* spp. Cavendish subgroup AAA）cv Huaguan Aijiao

来　　源｜华南农业大学、东莞市香蕉蔬菜研究所、珠海市现代农业发展中心选育。于 2015 年获广东省农作物品种审定委员会审定。

主要性状｜该品种虽然具有矮化品种的特点，如假茎粗壮、植株矮化（株高 170 ～ 210 厘米）、生育期较短（11 个月）。果指微弯，果断饱满，果棱不明显；但该品种丰产性较好，果梳密度中等，梳形整齐。该品种成熟果皮金黄色，果肉黄白色，味香甜，品质较好。

评　　价｜具有矮化香蕉品种的特点，但商品性较好。

图片拍摄：邓贵明

（65）华农中把（Huanong Zhongba）

分　　类｜芭蕉科（*Musaceae*）、芭蕉属（*Musa*）、真蕉组（*Eumusa*）

基因组类型｜AAA

栽培类型｜香牙蕉（Cavendish）

学　　名｜（*Musa* spp. Cavendish subgroup AAA）cv Huanong Zhongba

来　　源｜华南农业大学、东莞市香蕉蔬菜研究所、珠海市果树科学技术推广站选育。于2011年获广东省农作物品种审定委员会审定。

主要性状｜该品种为中秆香牙蕉品种，株高210～260厘米，生育期12～13个月。茎秆中下部红绿色，花青苷显色较深；叶片宽大，叶柄及叶鞘有少量蜡粉，叶鞘部有色斑。果穗近圆柱形，中性花残留较多。果梳梳形好，催熟后果皮色金黄，味甜香，品质优良，丰产稳产。据育种单位介绍，对枯萎病有一定耐受能力。

评　　价｜丰产性好，适应性广，对枯萎病有一定耐受能力。

图片拍摄：邓贵明

（66）龙优（Longyou）

分　　类｜芭蕉科（*Musaceae*）、芭蕉属（*Musa*）、真蕉组（*Eumusa*）

基因组类型｜AAA

栽培类型｜香牙蕉（Cavendish）

学　　名｜*Musa* spp. Cavendish subgroup AAA

来　　源｜资源圃内保存地方品种，来源不详。

主要性状｜中高秆香牙蕉品种，株高 240 ～ 280 厘米，生育期 12 ～ 13 个月。茎秆红绿色、中下部花青苷显色极强。叶姿开张，叶片宽大，树形较好。果穗较长，果梳较紧凑，中性花残存较多；产量较高，23 ～ 30 千克/株；果指较长。

评　　价｜地方特色品种，丰产性较好。

图片拍摄：邓贵明

（67）墨西哥（A Cavendish variety from Moxico）

分　　类｜芭蕉科（*Musaceae*）、芭蕉属（*Musa*）、真蕉组（*Eumusa*）

基因组类型｜ AAA

栽培类型｜香牙蕉（Cavendish）

学　　名｜ *Musa* spp. Cavendish subgroup AAA

来　　源｜资源圃内保存的早期品种资源，来自墨西哥。

主要性状｜该品种属中高秆香牙蕉品种，生育期 12 个月。株高 240 ～ 280 厘米，假茎在抽蕾前为青绿色，收获时颜色渐深，假茎花青苷显色明显；叶鞘有点状色斑，但不连片，有少量蜡粉。果穗柄较长，产量较高，20 ～ 26 千克 / 株，梳形较整齐，梳距中等。

评　　价｜商品性较好，后续将进一步评价。

图片拍摄：盛　鸥　邓贵明

（68）那龙矮蕉（Nalong Aijiao）

分　　类｜芭蕉科（*Musaceae*）、芭蕉属（*Musa*）、真蕉组（*Eumusa*）

基因组类型｜AAA

栽培类型｜香牙蕉（Cavendish）

学　　名｜*Musa* spp. Cavendish subgroup AAA

来　　源｜从广西南宁那龙收集的矮秆香牙蕉品种资源。

主要性状｜矮秆香牙蕉品种，生育期 11 ～ 12 个月。株高 180 ～ 210 厘米，假茎粗壮，基部粗 75 ～ 80 厘米。茎秆中下部红绿色，花青苷显色强；叶片较直立；果穗柄较短，但果穗较长，中性花残留多，苞片宿存性强。产量 18 ～ 23 千克/株。叶片易感叶斑病。

评　　价｜香牙蕉地方品种资源。

（69）那龙中把（Nalong Zhongba）

分　　类｜芭蕉科（*Musaceae*）、芭蕉属（*Musa*）、真蕉组（*Eumusa*）

基因组类型｜ AAA

栽培类型｜香牙蕉（Cavendish）

学　　名｜ *Musa* spp. Cavendish subgroup AAA

来　　源｜从广西南宁那龙收集的中秆香牙蕉品种资源。

主要性状｜中秆香牙蕉品种，生育期约 12 个月。株高 210 ～ 280 厘米，假茎较细长。茎秆中下部红绿色，花青苷显色强。果穗长圆柱形，头两梳果指数较多、果指长；花序轴稍斜弯，残留 2 ～ 3 梳中性花。产量 21 ～ 26 千克 / 株。

评　　价｜香牙蕉地方品种资源。

图片拍摄：邓贵明　盛　鸥

2. 大蜜舍

Pisang Bakar

分　　类｜芭蕉科（*Musaceae*）、芭蕉属（*Musa*）、真蕉组（*Eumusa*）

基因组类型｜AAA

栽培类型｜大蜜舍（Gros Michel）

学　　名｜*Musa* spp. Gros Michel subgroup AAA

来　　源｜资源圃内早期引进的品种资源。

主要性状｜生育期 12～13 个月，植株外形与香牙蕉类似，平均株高 250～350 厘米；假茎红褐色，花青苷显色强；叶姿开张，叶柄及叶鞘有蜡粉。果穗圆柱形，较紧凑，产量 18～20 千克/株；催熟后果皮黄色或淡黄色，品质优，口感紧实、香甜。易感枯萎病、叶斑病，易受象甲为害。

评　　价｜典型大蜜舍（Gros Michel）品种资源，品质虽好但抗性差。

图片拍摄：盛　鸥

3. 东非高原蕉

（1）粤蕉 2 号（Yuejiao No.2）

分　　类｜芭蕉科（*Musaceae*）、芭蕉属（*Musa*）、真蕉组（*Eumusa*）

基因组类型｜AAA

栽培类型｜东非高原蕉（East Africa Highland Banana，EAHB）

学　　名｜（*Musa* spp. East Africa Highland Banana subgroup AAA）cv Yuejiao No.2

来　　源｜广东省农业科学院果树研究所通过系统选育而成，2019 年获得植物新品种权保护证书。

主要性状｜植株假茎淡黄色或黄绿色，色斑较多，长势和高度较香牙蕉弱、矮，可密植；生育期较短，11 ～ 12 个月。果穗较长，果指较短而小，但比皇帝蕉长。花轴较长，弯曲下弯或向下斜生；雄花有黄色条纹斑，披针形或近椭圆形，中性花有残留；产量较低，株产 10 ～ 15 千克；鲜食口感一般。抗镰刀菌枯萎病。

评　　价｜特色加工类型品种，为香蕉酒类产品的开发提供品种资源，商业化开发前景好。

粤蕉2号

粤蕉2号

图片拍摄：盛 鸥

113

（2）U1

分　　类｜芭蕉科（*Musaceae*）、芭蕉属（*Musa*）、真蕉组（*Eumusa*）

基因组类型｜AAA

栽培类型｜东非高原蕉（East Africa Highland Banana，EAHB）

学　　名｜*Musa* spp. East Africa Highland Banana subgroup AAA

来　　源｜国外引进的品种资源。

主要性状｜植株外部特征与 Ingagara 类似，但较 Ingagara 长势旺、产量较高。生育期 12 个月，平均株高 250 ～ 300 厘米；假茎中上部淡黄色、中下部黑褐色，花青苷显色极强。叶姿较开张，叶柄及叶鞘有色斑。果穗圆柱形，很紧凑，产量 18 ～ 20 千克 / 株；果顶尖，果皮绿色、催熟后黄色；果实一般蒸熟食用，果肉偏黄色。抗枯萎病，易受象甲为害。

评　　价｜典型东非高原蕉品种，需进一步评价。

图片拍摄：盛　鸥

（3）Ingagara

分　　类│芭蕉科（*Musaceae*）、芭蕉属（*Musa*）、真蕉组（*Eumusa*）

基因组类型│AAA

栽培类型│东非高原蕉（East Africa Highland Banana，EAHB）

学　　名│*Musa* spp. East Africa Highland Banana subgroup AAA

来　　源│国外引进的品种资源。

主要性状│生育期 12 个月，平均株高 250 ～ 300 厘米；假茎中上部淡黄色、中下部黑褐色，花青苷显色极强；叶姿较开张。果穗呈圆柱形，很紧凑，产量 18 ～ 20 千克 / 株。蒸熟食用，鲜食口感偏酸、甜度低。抗枯萎病，易受象甲为害。

评　　价│典型东非高原蕉品种，需进一步评价。

图片拍摄：盛　鸥

4. 红蕉

（1）漳州红蕉（Zhangzhou red banana）

分　　类｜芭蕉科（*Musaceae*）、芭蕉属（*Musa*）、真蕉组（*Eumusa*）

基因组类型｜AAA

栽培类型｜红蕉（Red）

学　　名｜*Musa* spp. Red subgroup AAA

来　　源｜资源圃内早期收集的红蕉品种，来源于漳州。

主要性状｜植株长势较旺，株高 280 ～ 350 厘米。叶柄、茎秆、吸芽紫红色，颜色较其他红蕉品种深。生育期 14 ～ 16 个月。叶姿较开张。果穗呈圆柱形、较紧凑，花轴较长，有少量中性花残留。产量 18 ～ 23 千克 / 株；生果皮暗红色，催熟后果皮鲜红色，果肉黄色或橙黄色，甜味较其他品种甜。

评　　价｜特色品种资源，有待于进一步评价。

图片拍摄：盛　鸥

（2）印度红蕉 1 号（Red Banana No.1 from India）

分　　类｜芭蕉科（*Musaceae*）、芭蕉属（*Musa*）、真蕉组（*Eumusa*）

基因组类型｜AAA

栽培类型｜红蕉（Red）

学　　名｜*Musa* spp. Red subgroup AAA

来　　源｜资源圃内早期保存品种，来自印度。

主要性状｜属于中高秆红蕉类型，叶姿、叶形、树势似香牙蕉，全株深紫红色，叶柄基部有白色蜡粉，假茎有色斑。株高 250～400 厘米。软熟前果皮紫褐色、有蜡质感，催熟后果皮红褐色，果肉微黄色，口感清甜。全生育期 15～18 个月，生长较香牙蕉缓慢。易感香蕉枯萎病，但较普通香牙蕉品种耐病。

评　　价｜特色品种资源。

印度红蕉 1 号催熟 8 天

图片拍摄：盛 鸥

（3）WZH

分　　类｜芭蕉科（*Musaceae*）、芭蕉属（*Musa*）、真蕉组（*Eumusa*）

基因组类型｜AAA

栽培类型｜红蕉（Red）

学　　名｜*Musa* spp. Red subgroup AAA

来　　源｜资源圃内早期收集的红蕉品种，来源不详。

主要性状｜生育期 14 ～ 16 个月，株高 260 ～ 320 厘米。叶柄、茎秆、吸芽深红色或紫红色，有蜡粉；叶姿较直立，叶鞘有斑块。果穗呈圆柱形直立向下，雄花序较小或自然脱落。产量 14 ～ 20 千克 / 株，果棱不明显；生果皮暗红色或紫红色，催熟后果皮鲜红色，果肉黄色或橙黄色，口感较紧实，甜味较香牙蕉淡。

评　　价｜特色品种资源，有待于进一步评价。

WZH 催熟后

图片拍摄：盛 鸥

5．其他

（1）贵妃蕉（Guifeijiao）

分　　类 | 芭蕉科（*Musaceae*）、芭蕉属（*Musa*）、真蕉组（*Eumusa*）

基因组类型 | AAA

栽培类型 | 未鉴定

学　　名 | *Musa* spp. AAA

来　　源 | 国内地方特色品种，来源不详。

主要性状 | 植株外部特征与海贡蕉较类似。生育期 11～12 个月。假茎淡黄色，叶姿较直立，叶柄、叶鞘及茎中下部有色斑。产量 10～18 千克 / 株。果皮绿色无棱，催熟后金黄色；果实口感甜而无酸、紧实，香气浓。该品种类型易感枯萎病。

评　　价 | 特色品种资源，品质优异。

（2）Pisang Berangan

分　　类｜芭蕉科（*Musaceae*）、芭蕉属（*Musa*）、真蕉组（*Eumusa*）

基因组类型｜AAA

栽培类型｜Berangan

学　　名｜*Musa* spp. AAA，Pisang Berangan subgroup

来　　源｜马来西亚引进，在马来西亚、菲律宾和印度尼西亚广泛栽培。

主要性状｜植株较高，平均株高 220～350 厘米，但不粗壮，基围 65～80 厘米，生育期 13～15 个月。假茎淡黄色，叶姿较直立。雄花序近椭圆形，花蕾顶端较尖；果指较圆，果棱较不明显，果指微弯。产量较低，14～20 千克/株。果皮绿色，催熟后亮黄色。果实口感较紧实，香气浓郁，甜度较高。该品种类型易感枯萎病，易受线虫和象甲为害，对栽培技术要求较高。

评　　价｜该品种品质优异，但抗逆性不强。是东南亚最受欢迎的栽培类型之一，菲律宾称为 Lakatan，印度尼西亚称为 Pisang Barangan Merah 和 Pisang Berangan Kuning，有较多品系。云南省农业科学院园艺所从广东省农业科学院果树研究所引进后，于 2013 年在云南省进行品种登记。

图片拍摄：盛　鸥

（3）中蕉 9 号（Zhongjiao No.9）

分　　类｜芭蕉科（*Musaceae*）、芭蕉属（*Musa*）、真蕉组（*Eumusa*）

基因组类型｜AAA

栽培类型｜杂交种（Hybrid）

学　　名｜*Musa* spp. AAA

来　　源｜广东省农业科学院果树研究所培育，2015 年通过广东省农作物品种审定委员会审定，2017 年获得植物新品种权保护证书。

主要性状｜新植蕉生长周期 12 ～ 14 个月。该品种长势旺，假茎粗壮。假茎平均高 292.5 厘米，基部粗 90.6 厘米；假茎浅绿色，锈褐色斑较少。叶片排列较分散、叶姿开张。果穗较紧凑，果梳和果指大小均匀，平均长 22.5 厘米、粗 13.6 厘米；生果皮呈浅黄绿色，催熟后果皮呈深黄色；果肉乳白偏黄色、口感软糯香滑，平均单果重 183.2 克。理化品质检测结果：可溶性固形物含量 22%，可滴定酸含量 0.33%，可溶性糖含量 18.34%。丰产性能突出，产量可达 50 千克 / 株以上，田间表现高抗香蕉枯萎病。

评　　价｜优异品种，高产、稳产，抗性强。

图片拍摄：盛　鸥　邓贵明

（四）AAB

1. Plantain

（1）美食蕉 1 号（Meishijiao No.1）

分　　类｜芭蕉科（*Musaceae*）、芭蕉属（*Musa*）、真蕉组（*Eumusa*）

基因组类型｜AAB

栽培类型｜Plantain

学　　名｜（*Musa* spp. Plantain subgroup AAB）cv Meishijiao No.1

来　　源｜广东省农业科学院果树研究所通过系统选育而成，2019 年获植物新品种权保护证书。

主要性状｜生育期 12～14 个月，植株长势较旺、高大，株高 320～400 厘米。假茎淡黄色或黄绿色，色斑较少，长势和高度和粉蕉类似。果穗较松散，果指较长，23～28 厘米，单果较重，300～400 克。花轴短，雄花蕾披针形，中性花有残留；产量 18～25 千克/株。鲜食口感一般，适合蒸煮、煎炸。抗枯萎病，但易受象甲为害。

评　　价｜粮食与加工用途品种，为香蕉烹饪及精深产品的开发提供品种资源，商业化开发前景好。

美食蕉 1 号　　　　粤蕉 1 号

粤蕉 1 号　　　　美食蕉 1 号

图片拍摄：盛　鸥

（2）美食蕉 2 号（Meishijiao No.2）

分　　类｜芭蕉科（*Musaceae*）、芭蕉属（*Musa*）、真蕉组（*Eumusa*）

基因组类型｜AAB

栽培类型｜Plantain

学　　名｜（*Musa* spp. Plantain subgroup AAB）cv Meishijiao No.2

来　　源｜广东省农业科学院果树研究所通过系统选育而成，2019 年获植物新品种权保护证书。

主要性状｜生育期 13 ～ 14 个月。植株外形与'美食蕉 1 号'类似，但果指较'美食蕉 1 号'更粗、更长。株高 350 ～ 400 厘米，果穗松散，果指长 30 ～ 38 厘米，单果重 320 ～ 500 克。雄花蕾不发育或发育不良，采摘前脱落；产量 18 ～ 23 千克/株。鲜食口感一般，适合蒸煮、煎炸。抗枯萎病，但易受象甲为害。

评　　价｜粮食与加工用途品种，为香蕉烹饪及精深产品的开发提供品种资源，商业化开发前景好。

美食蕉 2 号　　　　　　　　粤蕉 1 号

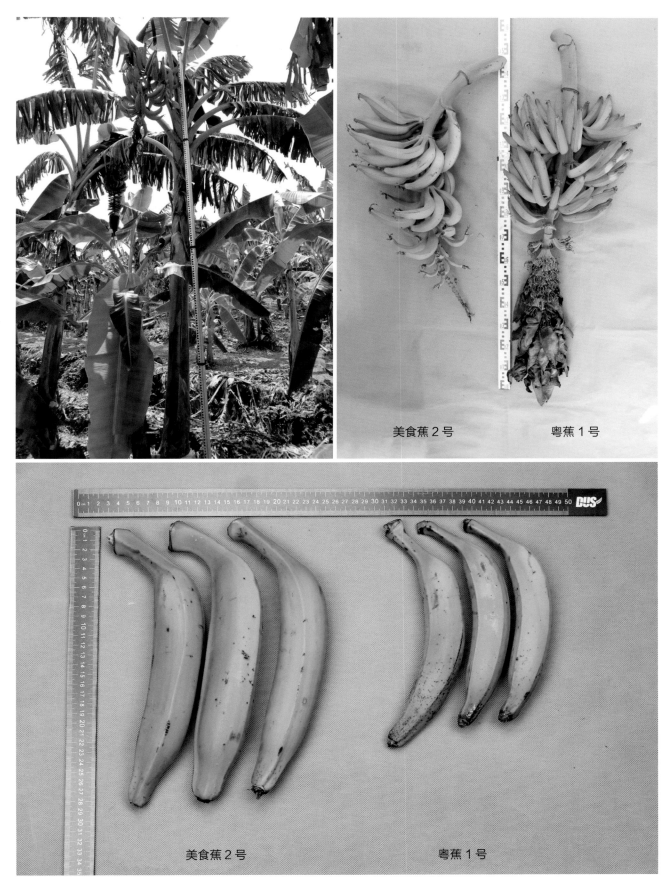

美食蕉 2 号　　　　　　　粤蕉 1 号

美食蕉 2 号　　　　　　　粤蕉 1 号

图片拍摄：盛　鸥

（3）粤蕉 1 号（Yuejiao No.1）

分　　类｜芭蕉科（*Musaceae*）、芭蕉属（*Musa*）、真蕉组（*Eumusa*）

基因组类型｜AAB

栽培类型｜Plantain

学　　名｜（*Musa* spp. Plantain subgroup AAB）cv Yuejiao No.1

来　　源｜广东省农业科学院果树研究所选育的加工类型品种，2019 年获植物新品种权保护证书。

主要性状｜植株外形与粉蕉较类似，但没有粉蕉粗壮，也比粉蕉矮。生育期 12 ～ 13 个月，株高 240 ～ 300 厘米。果穗紧凑，果指长、粗及单果重与香牙蕉类似，果顶较尖，果棱明显。雄花蕾较大，苞片不易脱落，中性花较多。产量 18 ～ 24 千克 / 株；可鲜食，鲜食口感比'美食蕉 1 号'好，烹饪煎炸的口感更好。田间表现抗枯萎病。

评　　价｜适应性较'美食蕉 1 号'强。粮食与加工用途品种，为香蕉烹饪及精深产品的开发提供品种资源。

粤蕉1号　　　　　　　　Akpakpak

粤蕉1号　　　　　　　　Akpakpak

图片拍摄：盛　鸥

（4）APK

分　　类｜芭蕉科（*Musaceae*）、芭蕉属（*Musa*）、真蕉组（*Eumusa*）

基因组类型｜AAB

栽培类型｜Plantain

学　　名｜*Musa* spp. Plantain subgroup AAB

来　　源｜国外引进的品种资源。

主要性状｜生育期 12 ～ 13 个月，株高 240 ～ 280 厘米。假茎黄绿色，抽蕾前叶柄及叶鞘部和吸芽常有红色，抽蕾后常褪去。果穗较紧凑，产量 10 ～ 15 千克 / 株；果指长、粗及单果重与'粤蕉 1 号'类似，果顶较尖，果棱明显。田间表现抗镰刀菌枯萎病。可鲜食，但烹饪煎炸的口感更好。

评　　价｜典型的 French Plantain 类型品种，但产量较低，适应性较差，易感叶斑病。

图片拍摄：盛　鸥

2. Iholena

Uzakan

分　　类│芭蕉科（*Musaceae*）、芭蕉属（*Musa*）、真蕉组（*Eumusa*）

基因组类型│AAB

栽培类型│Iholena

学　　名│*Musa* spp. Iholena subgroup AAB

来　　源│国外引进的品种资源，原产于巴布亚新几内亚附近太平洋岛国。

主要性状│生育期 12 ～ 14 个月，植株细长，株高 280 ～ 400 厘米。植株外观和 plantain 类型品种相近。假茎淡黄绿色，叶柄及叶鞘或无色斑，中下部假茎颜色较深；叶姿较开张，叶片细长。果穗呈圆锥形，果顶长尖，果实有棱；果皮浅黄色或黄绿色，催熟后黄色或金黄色，果肉橙黄色，果实甜、有酸味、紧实。产量中等，12 ～ 18 千克 / 株。田间表现易感枯萎病。

评　　价│AAB 类型特色品种。Iholena 为太平洋部分岛国国家的主栽品种，又被称为 pacific plantain，在中南美洲也有较多栽培。

图片拍摄：盛　鸥

3. Maia Maoli-Popoulou

Poingo

分　　类｜芭蕉科（*Musaceae*）、芭蕉属（*Musa*）、真蕉组（*Eumusa*）

基因组类型｜AAB

栽培类型｜Maia Maoli-Popoulou

学　　名｜*Musa* spp. Maia Maoli-Popoulou subgroup AAB

来　　源｜国外引进的品种资源，原产于巴布亚新几内亚附近太平洋岛国。

主要性状｜植株外观和 plantain 类型品种相近。生育期 13 ～ 15 个月，株高 280 ～ 350 厘米。假茎淡黄绿色，抽蕾前假茎上部叶柄及叶鞘或无色斑，中下部则有大斑块；叶姿较开张。果穗呈圆柱形，果实较方正，果顶很平，果实有棱，果指长度通常是直径的 2 ～ 3 倍；生果皮浅黄色或黄绿色，催熟后黄色或金黄色；果肉黄色或橙黄色，常伴有黑色果芯，易裂；果肉口感酸甜。产量中等，18 ～ 24 千克 / 株。田间表现抗枯萎病。

评　　价｜AAB 类型特色品种。Maia Maoli-Popoulou 为太平洋部分岛国国家的主栽品种，Maia 在夏威夷当地人是香蕉的意思，maoli 包含很多种香蕉类型。该类型的品种也是香蕉炸片加工的主要品种之一。

图片拍摄：盛　鸥

4．Mysore

Pisang ceylan

分　　类│芭蕉科（*Musaceae*）、芭蕉属（*Musa*）、真蕉组（*Eumusa*）

基因组类型│ AAB

栽培类型│ Mysore

学　　名│ *Musa* spp. Mysore subgroup AAB

来　　源│国外引进的品种资源。

主要性状│生育期 12 ～ 14 个月。植株外形与 Raja 较类似。株高 260 ～ 330 厘米；假茎中上部黄绿色，下部红褐色，花青苷显色较强。雄花序较小，披针形或近椭圆形，蓝紫色。果穗呈圆柱形，紧凑，果顶钝尖；果皮绿色，催熟后黄色，果肉黄白色，口感酸甜，较软。产量较高，17 ～ 22 千克 / 株。田间表现抗叶斑病，但对枯萎病抗性差。

评　　价│典型的 Mysore 栽培类型品种，印度尼西亚和马来西亚常见的主栽品种之一。

图片拍摄：盛　鸥

5．Pome

Prata

分　　类｜芭蕉科（*Musaceae*）、芭蕉属（*Musa*）、真蕉组（*Eumusa*）

基因组类型｜AAB

栽培类型｜Pome

学　　名｜*Musa* spp. Pome subgroup AAB

来　　源｜国外引进的品种资源。

主要性状｜生育期 13 ～ 15 个月，植株较高，280 ～ 350 厘米。假茎淡黄色，有少许色斑。雄花序较大，圆形，蓝紫色。果顶尖、微弯，果顶常有花器官残存；果实绿色，催熟后金黄色，果肉黄白色，口感酸甜，风味较好。田间表现易感叶斑病，对枯萎病抗性较差。

评　　价｜典型的 Pome 栽培类型品种，中南美洲较常见的主栽品种之一。

图片拍摄：盛　鸥

6. Pisang Raja

Pisang Raja Bulu

分　　类｜芭蕉科（*Musaceae*）、芭蕉属（*Musa*）、真蕉组（*Eumusa*）
基因组类型｜AAB
栽培类型｜Pisang Raja
学　　名｜*Musa* spp. Pisang Raja subgroup AAB
来　　源｜国外引进的品种资源。

主要性状｜生育期 12～14 个月，长势较旺，植株较高，280～350 厘米。假茎绿色或深绿色，叶鞘及叶柄有蜡粉。雄花序较小，披针形或近椭圆形，蓝紫色。果穗呈圆柱形，紧凑，果顶较圆、微弯；果实绿色，催熟后黄色，果肉白色，口感酸甜，较软。产量高，20～30 千克 / 株。田间表现易感枯萎病。

评　　价｜典型的 Pisang Raja 栽培类型品种，印度尼西亚和马来西亚常见的主栽品种之一。Raja 的品种较多，有不少品质优异的品种，但该类型易感枯萎病。

图片拍摄：盛　鸥

7．Silk

过山香（Guoshanxiang）

分　　类｜芭蕉科（*Musaceae*）、芭蕉属（*Musa*）、真蕉组（*Eumusa*）

基因组类型｜AAB

栽培类型｜Silk

学　　名｜*Musa* spp. Silk subgroup AAB

来　　源｜国内地方栽培品种，原产于中山、东莞等地。

主要性状｜生育期 13 ～ 15 个月，植株外观（茎、叶、果）与 Pome 相近，但两者在雄花序上有较大区别。植株很高，300 ～ 400 厘米，假茎黄绿色至深绿色，叶鞘及叶柄有蜡粉。雄花序较小，近椭圆形。果穗呈圆柱形，紧凑，果顶钝尖、较弯；果实绿色，催熟后黄色或橙黄色，果肉白色，口感酸甜、较紧实，香气浓。产量 15 ～ 20 千克/株。抗性较差，田间表现极易感枯萎病。

评　　价｜国内的'过山香'品种可能是几种 AAB 相近品种（Silk、Pome 或 Mysore）的混合品种群。Silk 栽培类型果实品质较好，是印度等国最受欢迎的品种类型之一，但其易感枯萎病，对栽培技术要求较高。

图片拍摄：盛　鸥

8．其他

（1）FHIA-25

分　　类｜芭蕉科（*Musaceae*）、芭蕉属（*Musa*）、真蕉组（*Eumusa*）

基因组类型｜AAB/AAA

栽培类型｜未鉴定

学　　名｜*Musa* spp.

来　　源｜国外引进的品种资源。

主要性状｜植株长势旺盛，株高 260 ～ 320 厘米，根系发达；假茎十分粗壮，茎基围 90 ～ 100 厘米。生育期 14 ～ 16 个月。假茎绿色或深绿色，茎秆花青苷显色中等。叶姿开张，叶片宽大。果穗呈圆柱形，果指似香牙蕉，果棱不明显。催熟后果皮黄色，果肉奶白色，风味偏淡。产量较高，30 ～ 50 千克 / 株。中抗束顶病，高抗黑叶斑病，高抗线虫，但易受象甲为害，抗风性强。

评　　价｜FHIA 杂交品种。抗性强，产量很高，但品质一般，可能适合加工。

图片拍摄：盛　鸥

（2）保山4（Baoshan No.4）

分　　类｜芭蕉科（*Musaceae*）、芭蕉属（*Musa*）、真蕉组（*Eumusa*）

基因组类型｜AAB

栽培类型｜未鉴定

学　　名｜*Musa* spp. AAB

来　　源｜从云南保山收集的资源，采集编号：保山4。

主要性状｜生育期12～14个月，植株高250～350厘米。茎秆中下部红绿色或紫褐色，花青苷显色强。叶姿直立，叶鞘有斑块。果穗呈圆柱形斜生，产量18～26千克/株，果棱明显，果顶钝尖或瓶颈状。雄花序及苞片蓝紫色，有蜡粉，中性花有残留。果皮较厚，果肉较软、较细腻，酸甜。

评　　价｜有特点的品种资源，类似Mysore类型，但比Mysore果指长，口感比Mysore好。后续需要用分子标记鉴定栽培类型。

（五）ABB

1. 粉蕉

（1）广粉 1 号（Guangfen No.1）

分　　类｜芭蕉科（*Musaceae*）、芭蕉属（*Musa*）、真蕉组（*Eumusa*）

基因组类型｜ABB

栽培类型｜粉蕉（Pisang Awak）

学　　名｜（*Musa* spp. ABB，Pisang Awak subgroup）cv Guangfen No.1

来　　源｜由广东省农业科学院果树研究所选育，通过广东省农作物品种审定委员会审定。

主要性状｜春植蕉生长周期 15 ～ 17 个月。植株粗壮，假茎高 350 ～ 450 厘米，假茎中部周长 63.7 厘米。果梳整齐，果指长 16.9 厘米，果指周长 14.1 厘米。青果灰绿不被粉或少被粉，催熟后果实黄色，皮薄，肉乳白色、质滑，味浓甜。株产 22 ～ 35 千克。田间表现抗香蕉叶斑病、束顶病、黑星病和炭疽病，易感枯萎病。

评　　价｜丰产、优质、商品性好，易感枯萎病。

图片拍摄：盛　鸥

（2）粉杂 1 号（Fenza No.1）

分　　类｜芭蕉科（*Musaceae*）、芭蕉属（*Musa*）、真蕉组（*Eumusa*）

基因组类型｜ABB

栽培类型｜粉蕉（Pisang Awak）

学　　名｜（*Musa* spp. ABB，Pisang Awak subgroup）cv Fenza No.1

来　　源｜由广东省农业科学院果树研究所选育，获广东省农作物品种审定委员会审定。

主要性状｜树势中等，叶片开张、较短窄，假茎高 325 厘米。果指短而粗，果指长度和果指周长均为 13.6 厘米，单果重 143 克，平均梳重 2.0 千克；成熟果皮黄色，皮厚 0.15 厘米，果肉奶油色或乳白色；肉质软滑，味浓带甘、微酸，品质优。田间表现抗香蕉枯萎病能力强。

评　　价｜对枯萎病抗性较强，品质优，商品性好。

图片拍摄：盛 鸥

（3）金粉 1 号（Jinfen No.1）

分　　类 | 芭蕉科（*Musaceae*）、芭蕉属（*Musa*）、真蕉组（*Eumusa*）

基因组类型 | ABB

栽培类型 | 粉蕉（Pisang Awak）

学　　名 | （*Musa* spp. ABB，Pisang Awak subgroup）cv Jinfen No.1

来　　源 | 由广西植物组培苗有限公司选育。

主要性状 | 正造蕉生育期 18 ～ 20 个月。生长势旺，假茎高 400 ～ 500 厘米，基茎围 94 ～ 101 厘米，假茎基色为黄绿色，有少量褐色斑。果梳呈圆柱形，梳形好，每穗有 10 ～ 15 梳，每梳果指数 18 ～ 20 条，单果指重 105 ～ 130 克，果指长 13 ～ 16 厘米，果皮厚 0.14 ～ 0.19 厘米，生果皮呈浅绿色，成熟后果皮呈金黄色，果肉乳白色，可食率 77.2%，可溶性固形物含量 26.5%。株产 20 ～ 30 千克。抗逆性较强，但易感枯萎病。

评　　价 | 商品性好，抗逆性较强。

图片拍摄：盛　鸥

（4）矮粉 1 号（Aifen No.1）

分　　类｜芭蕉科（*Musaceae*）、芭蕉属（*Musa*）、真蕉组（*Eumusa*）

基因组类型｜ABB

栽培类型｜粉蕉（Pisang Awak）

学　　名｜（*Musa* spp. ABB，Pisang Awak subgroup）cv Aifen No.1

来　　源｜由广东省农业科学院果树研究所选育，获植物新品种权保护证书。

主要性状｜新植蕉生长周期 12 ～ 13 个月。植株矮化特征明显，假茎平均高 235.0 厘米，比对照品种'广粉 1 号'矮 173.4 厘米，基部粗 107.5 厘米，粗壮。叶姿较开张，叶距较短。果穗较紧凑，果指微弯；生果皮呈浅绿色，催熟后果皮呈黄色；果肉乳白色，味甜、微香、肉质优，平均单果重 167.0 克，可溶性固形物含量 26.3%，可滴定酸含量 0.34%，可溶性糖含量 22.57%。丰产性能较好，种植第一造平均株产 20.3 千克。易感枯萎病。

评　　价｜植株矮化，品质较好。

（5）云 1（A Pisang Awak variety from Yunnan）

分　　类｜芭蕉科（*Musaceae*）、芭蕉属（*Musa*）、真蕉组（*Eumusa*）

基因组类型｜ABB

栽培类型｜粉蕉（Pisang Awak）

学　　名｜*Musa* spp. Pisang Awak ABB

来　　源｜从云南西双版纳收集的粉蕉资源，采集编号：云 1。

主要性状｜植株长势旺盛，假茎粗壮，株高 250 ～ 380 厘米；生育期 15 ～ 17 个月。茎秆中下部绿色或深绿色，花青苷显色不明显。叶鞘边缘有灰黑色斑块；叶姿较开张。产量较高，18 ～ 25 千克 / 株；果实品质较好，抗逆性较强。

评　　价｜国内粉蕉资源。

图片拍摄：盛　鸥

（6）XFY5

分　　类｜芭蕉科（*Musaceae*）、芭蕉属（*Musa*）、真蕉组（*Eumusa*）

基因组类型｜ABB

栽培类型｜粉蕉（Pisang Awak）

学　　名｜*Musa* spp. Pisang Awak ABB

来　　源｜从云南西双版纳收集的粉蕉资源。

主要性状｜生育期 14 ～ 16 个月，株高 260 ～ 350 厘米。茎秆中下部绿色或红绿色，花青苷显色不明显；叶姿直立。果穗呈圆柱形直立向下或稍斜，产量 18 ～ 22 千克 / 株，果指较短而细，果棱不明显；果皮较薄，果肉香甜细腻。

评　　价｜国内粉蕉资源。

图片拍摄：盛 鸥

2．大蕉

（1）东莞大蕉（Dongguan Dajiao）

分　　类｜芭蕉科（*Musaceae*）、芭蕉属（*Musa*）、真蕉组（*Eumusa*）

基因组类型｜ABB

栽培类型｜大蕉（Dajiao）

学　　名｜*Musa* spp. Dajiao ABB

来　　源｜广东东莞种植较多的大蕉品种。

主要性状｜典型的国内大蕉资源，生育期 14～16 个月。株高 200～300 厘米，茎秆绿色或深绿色，花青苷显色较少，叶姿开张。果穗呈圆柱形，产量 10～25 千克/株，果顶钝尖，果棱明显。雄花序及苞片蓝紫色，偶有黄色条纹。果皮较厚，催熟后黄色或橙黄色，果肉酸甜、紧实。

评　　价｜抗逆性强。东莞等地栽培较多，有矮秆、中秆和高秆类型。

图片拍摄：盛　鸥

（2）桂矮大蕉（Guiai Dajiao）

分　　类｜芭蕉科（*Musaceae*）、芭蕉属（*Musa*）、真蕉组（*Eumusa*）
基因组类型｜ABB
栽培类型｜大蕉（Dajiao）
学　　名｜*Musa* spp. Dajiao ABB
来　　源｜广西壮族自治区农业科学院园艺研究所选育。

主要性状｜与广西坛洛本地大蕉相比，具有明显的矮化特征，与'威廉斯'系列香蕉假茎高度基本一致。植株平均高 237 厘米，基部平均粗 65 厘米。生果皮亮绿色有光泽，无锈斑，无蜡粉，果顶钝尖，单果重 167.82 克；果穗紧凑，梳形整齐、匀称、美观，平均株产为 22.08 千克。鲜食口感及风味佳。

评　　价｜矮化大蕉品种，具有良好的丰产特性。

图片拍摄：尧金燕　邓贵明

（3）灵川大蕉（Lingchuan Dajiao）

分　　类｜芭蕉科（*Musaceae*）、芭蕉属（*Musa*）、真蕉组（*Eumusa*）

基因组类型｜ABB

栽培类型｜大蕉（Dajiao）

学　　名｜*Musa* spp. Dajiao ABB

来　　源｜从广西收集的地方大蕉资源。

主要性状｜典型的国内高秆大蕉资源，生育期 14 ～ 16 个月。株高 250 ～ 380 厘米，全株有较多蜡粉（叶鞘及叶柄较多），茎秆深绿色，花青苷显色中等；叶姿开张。果穗呈圆柱形，产量 20 ～ 24 千克 / 株，果顶钝尖，果棱明显。雄花序及苞片蓝紫色，偶有黄色条纹。果皮较厚，催熟后黄色或橙黄色，果肉酸甜。抗寒性较强。

评　　价｜抗逆性强，产量高。

图片拍摄：盛　鸥

（4）版纳大蕉 1（Banna Dajiao 1）

分　　类｜芭蕉科（*Musaceae*）、芭蕉属（*Musa*）、真蕉组（*Eumusa*）
基因组类型｜ABB
栽培类型｜大蕉（Dajiao）
学　　名｜*Musa* spp. Dajiao ABB
来　　源｜从云南西双版纳收集的大蕉资源。

主要性状｜主要表型与'HND1'类似。生育期 14 ～ 16 个月，株高 260 ～ 400 厘米，茎秆绿色或浅绿色；叶姿较直立。果穗斜生，产量 16 ～ 20 千克/株，果棱明显。雄花序及苞片紫色，有蜡粉。

评　　价｜典型的国内大蕉品种资源。

图片拍摄：盛　鸥

（5）保山 3 号（Baoshan No.3）

分　　类｜芭蕉科（*Musaceae*）、芭蕉属（*Musa*）、真蕉组（*Eumusa*）

基因组类型｜ABB

栽培类型｜大蕉（Dajiao）

学　　名｜*Musa* spp. Dajiao ABB

来　　源｜从云南保山收集的大蕉资源。

主要性状｜生育期 14 ～ 16 个月，株高 250 ～ 380 厘米。茎秆绿色或浅绿色，花青苷显色不明显；叶姿直立，叶鞘有小斑块或色斑不明显。果穗呈圆柱形直立向下，产量 18 ～ 24 千克 / 株，果指较短而粗，果棱明显，一般 3 ～ 5 条。雄花序及苞片蓝紫色，有蜡粉。果皮较厚，催熟后金黄色，果肉较软、较细腻。

评　　价｜果指短而粗，果肉较软、较细腻，与典型的国内大蕉品种资源不同。

图片拍摄：盛 鸥

（6）HND1

分　　类｜芭蕉科（*Musaceae*）、芭蕉属（*Musa*）、真蕉组（*Eumusa*）

基因组类型｜ABB

栽培类型｜大蕉（Dajiao）

学　　名｜*Musa* spp. Dajiao ABB

来　　源｜从海南收集的大蕉资源。

主要性状｜典型的国内大蕉品种资源，生育期 14 ～ 16 个月。植株较高，260 ～ 400 厘米，茎秆绿色或浅绿色。叶姿直立，叶鞘有小斑块或色斑不明显。果穗呈圆柱形斜生，产量 16 ～ 20 千克 / 株，果棱明显。雄花序及苞片紫色，有蜡粉。

评　　价｜典型的国内大蕉品种资源。

图片拍摄：盛　鸥

（7）HN10

分　　类 | 芭蕉科（*Musaceae*）、芭蕉属（*Musa*）、真蕉组（*Eumusa*）

基因组类型 | ABB

栽培类型 | 大蕉（Dajiao）

学　　名 | *Musa* spp. Dajiao ABB

来　　源 | 从海南收集的大蕉资源。

主要性状 | 典型的国内大蕉品种资源，生育期14～16个月。植株高度230～300厘米，茎秆绿色或深绿色，少色斑，有白蜡粉；叶片开张，叶鞘有色斑。果穗呈圆柱形斜生，产量16～20千克/株，果棱明显。雄花序及苞片彩色，混杂红、紫、橙等颜色，有蜡粉。

评　　价 | 地方特色大蕉品种资源，雄花序及苞片颜色有特点。

图片拍摄：盛　鸥

（8）角蕉（Jiaojiao）

分　　类｜芭蕉科（*Musaceae*）、芭蕉属（*Musa*）、真蕉组（*Eumusa*）

基因组类型｜ABB

栽培类型｜大蕉（Dajiao）

学　　名｜*Musa* spp. Dajiao ABB

来　　源｜从福建收集的地方大蕉资源。

主要性状｜生育期 14 ~ 16 个月。植株矮壮，株高 160 ~ 180 厘米，茎秆深绿色，叶鞘及叶柄较多；叶片紧凑、果穗紧凑，产量 7 ~ 16 千克 / 株。果穗柄弯曲程度较弱，花序轴下垂。果顶钝尖，果棱明显。雄花序及苞片蓝紫色，偶有黄色条纹。果皮较厚，果肉酸甜、紧实。抗寒性较强。

评　　价｜植株矮化、抗寒性强。

图片拍摄：盛　鸥

3．Saba

Saba

分　　类｜芭蕉科（*Musaceae*）、芭蕉属（*Musa*）、真蕉组（*Eumusa*）

基因组类型｜ABB

栽培类型｜Saba

学　　名｜*Musa* spp. Saba subgroup ABB

来　　源｜原产于菲律宾、马来西亚等国。

主要性状｜生育期 13～15 个月，植株粗壮，株高 250～350 厘米。全株（包括假茎、叶背、叶柄、吸芽、雄花序等）蜡粉较多，假茎绿色或深绿色，叶柄及叶鞘无色斑，中下部假茎颜色较深；叶姿较开张。果穗呈圆柱形，果梳梳形较好，果顶钝尖，果棱明显；果皮绿色或深绿色，催熟后黄色或金黄色，果肉白色，鲜食口感甜、软、无酸。产量中等，18～22 千克 / 株。田间表现抗叶斑病、抗枯萎病。

评　　价｜Saba 是菲律宾等国当地居民消费的主要品种类型之一，主要用于蒸煮食用。Saba 类型是优异的 ABB 品种资源，可进一步评价、开发利用。

图片拍摄：盛　鸥

4．Kluai Teparot

Klue Teparot

分　　类｜芭蕉科（*Musaceae*）、芭蕉属（*Musa*）、真蕉组（*Eumusa*）

基因组类型｜ABB

栽培类型｜Klue teparod 或 Kluai teparot

学　　名｜*Musa* spp. ABB，Kluai teparot subgroup

来　　源｜从云南收集，原产于泰国。

主要性状｜植株较高，250～400厘米，生育期15～16个月。全株多部位（包括叶背面、叶柄、假茎、吸芽、果指表面等）披白色蜡粉。假茎中下部紫红色，叶姿较开张。该品种类型的果穗有两种表型：（1）无花轴，雄花序畸形不发育或脱落，果穗松散，水平或斜生；果梳单层，每梳1～5根果指，果指粗大，饱满时可达500克以上；（2）有长花轴，长且长满中性花，中性花不脱落，此时果穗呈圆柱形，紧凑，有7～10梳单层果指，每梳5～10根果指。该品种类型果皮较厚，果肉白色，一般不作为鲜食，蒸煮食用。叶斑病较少，抗逆性强。

评　　价｜特色品种资源，抗逆性强，果形奇特，花器官特点明显。泰国称为 Kluai teparot，菲律宾称为 Tiparot，马来西亚称为 Pisang Abu Siam（有长花轴时）或 Pisang Abu Nipah（无花轴时）。

图片拍摄：盛　鸥

（六）AAAA

FHIA-23

分　　类｜芭蕉科（*Musaceae*）、芭蕉属（*Musa*）、真蕉组（*Eumusa*）

基因组类型｜AAAA

学　　名｜*Musa* spp., AAAA group

来　　源｜国外引进品种资源。

主要性状｜植株长势旺盛，假茎高280～350厘米。生育期13～16个月。假茎绿色或黄绿色，茎秆花青苷显色强。叶姿开张，叶片宽大。果穗呈长圆柱形，果指似香牙蕉，果棱不明显。催熟后果皮黄色，果肉白色，口感较软、不酸不甜，风味偏淡。产量较高，30～45千克/株。高抗黑叶斑病，中抗束顶病，抗线虫。

评　　价｜属甜蕉型杂交品种。抗性较强，产量很高，但品质一般。

（七）AAAB

FHIA-01

分　　类 芭蕉科（*Musaceae*）、芭蕉属（*Musa*）、真蕉组（*Eumusa*）

基因组类型 AAAB

学　　名 *Musa* spp.，AAAB group

来　　源 国外引进品种资源。

主要性状 植株长势旺盛，假茎高 260 ～ 300 厘米。生育期 13 ～ 15 个月。假茎绿色或深绿色、有蜡粉，抽蕾前花青苷显色少。叶姿开张，叶片宽大。果穗呈短圆柱形，雄花蕾硕大似牛心，苞片蓝紫色。果指较直且长，催熟后果皮黄色或橙黄色；果肉白色，口感较软、较酸，风味偏淡。产量较高，20 ～ 35 千克 / 株。抗叶斑病、束顶病，抗线虫，抗枯萎病 1 号小种和 4 号小种，抗寒，果实可加工。

评　　价 属甜酸型（Sweat-acid）杂交品种。抗性较强，产量高。

图片拍摄：盛　鸥

三、野生资源

（一）芭蕉属

1. 真蕉组 *Eumusa*

本组为芭蕉属内最大的组（Section），包含绝大部分可食用香蕉品种及其起源的 AA、BB、SS 基因组的 *M. acuminata*、*M. balbisiana*、*M. schizocarpa* 种质，也包括国内常见的阿宽蕉（*M. itinerans*）、芭蕉（*M. basjoo*）等种质，多样性丰富。单套染色体组 n=11。

（1）Calcutta 4

分　类 | 芭蕉科（*Musaceae*）、芭蕉属（*Musa*）、真蕉组（*Eumusa*）
学　名 | *Musa acuminata* ssp. *burmannica*
来　源 | 原产于缅甸、印度。

主要性状 | 株高 100～200 厘米，假茎黄绿色，有色斑，少蜡粉；生育期 10 个月左右。果穗和花序轴水平斜生或斜生，花序轴长，中性花很少残留，雄花序披针形或近卵圆形。种子多，果肉少。抗旱，耐寒，抗绝大部分病虫害。花粉多且活性强。

评　价 | 优异种质，抗逆性强，野生 AA 亚种 *burmannica* 的代表种。

图片拍摄：盛　鸥

（2）Maia Oa

分　　类｜芭蕉科（*Musaceae*）、芭蕉属（*Musa*）、真蕉组（*Eumusa*）

学　　名｜*Musa acuminata* ssp. *zebrina*

来　　源｜原产于印度尼西亚。

主要性状｜株高 100 ～ 150 厘米，假茎紫褐色或粉紫色，叶片多黑色斑块，较美观。生育期 10 个月左右。果穗和花序轴水平斜生，花序轴长。抗旱、较耐寒，较耐贫瘠，吸芽多，易丛生。

评　　价｜优异种质，抗逆性强，野生 AA 亚种 *zebrina* 的代表种，可作观赏植物。

图片拍摄：盛　鸥

（3）Malaccensis

分　类	芭蕉科（*Musaceae*）、芭蕉属（*Musa*）、真蕉组（*Eumusa*）
学　名	*Musa acuminata* ssp. *malaccensis*
来　源	原产于马来西亚。

主要性状｜株高 150 ～ 300 厘米，假茎灰黄色，叶鞘有蜡粉，叶片细长；生育期 11 ～ 12 个月。果穗和花序轴水平斜生，弯曲程度弱。花序轴长，雄花序粉红色。不耐寒，吸芽多，易丛生。

评　价｜野生 AA 亚种 *malaccensis* 的代表种，对现有栽培品种的进化有重要价值。

图片拍摄：盛　鸥

（4）Pa（Rayong）

分　　类｜芭蕉科（*Musaceae*）、芭蕉属（*Musa*）、真蕉组（*Eumusa*）
学　　名｜*Musa acuminata* ssp. *siamea*
来　　源｜原产于泰国。

主要性状｜植株较矮，120～150厘米，假茎绿色。生育期短，5～6个月抽蕾。果穗和花序轴弯曲程度弱，花序轴短，雄花序蓝紫色。吸芽多，易丛生。

评　　价｜野生 AA 亚种 *siamea* 的代表种。

图片拍摄：盛　鸥

（5）芭蕉（Basjoo）

分　　类｜芭蕉科（*Musaceae*）、芭蕉属（*Musa*）、真蕉组（*Eumusa*）
学　　名｜*Musa basjoo*
来　　源｜从广西收集的野生香蕉资源，国内多省有绿化栽种。

主要性状｜温光较好的开阔地株高 120 ～ 200 厘米，山林阴郁环境下植株高度可达数米。茎秆绿色或深绿色，有点状分布褐色斑。雄花序黄色，卵圆形或圆球形，花序轴水平斜生。抗逆和耐寒性强，易丛生。但北方省份难见抽蕾开花，冬季地上部茎叶受冻枯死，球茎和吸芽耐寒性极强，翌年重新抽叶生长。花粉多且活力强。果小，种子多，果实不可食用。

评　　价｜我国境内最常见的野生香蕉种质，抗寒性强，多用来作绿化植物。

图片拍摄：盛　鸥

（6）福建野生蕉 1（A wild Musa species from Fujian）

分　　类｜芭蕉科（*Musaceae*）、芭蕉属（*Musa*）、真蕉组（*Eumusa*）

学　　名｜*Musa itinerans*

来　　源｜从福建收集的野生香蕉资源，国内多省有类似种质分布。

主要性状｜茎秆绿色或深绿色。雄花序紫褐色，卵圆形或圆球形，花序轴长。地下匍匐茎多，易丛生。抗逆和耐寒性强。果粉红色，种子多，果实不可食用。

评　　价｜*Musa itinerans* 是我国境内常见的野生香蕉类型，又称为阿宽蕉，有多个亚种；抗寒抗逆性强。

图片拍摄：盛　鸥

（7）龙岩野生蕉（A wild Musa species from Longyan）

分　　类｜芭蕉科（*Musaceae*）、芭蕉属（*Musa*）、真蕉组（*Eumusa*）
学　　名｜*Musa itinerans*
来　　源｜从福建收集的野生香蕉资源，国内多省有类似种质分布。

主要性状｜与福建野生蕉 1 较为相似，但植株较矮化，株高 120 ～ 200 厘米。雄花序黄紫相间，卵圆形，花序轴长，果实常发育不良。地下匍匐茎多，易丛生。
评　　价｜阿宽蕉亚种之一，较矮化。

图片拍摄：盛　鸥

（8）凭祥野蕉（A wild Musa species from Pingxiang）

分　　类｜芭蕉科（*Musaceae*）、芭蕉属（*Musa*）、真蕉组（*Eumusa*）
学　　名｜*Musa acuminata*
来　　源｜从广西收集的野生蕉资源。

主要性状｜植株形态（叶片、雄花序、果实等特征）与 AA 野生蕉类似。
评　　价｜需进一步评价。

图片拍摄：盛　鸥

（9）BGY3

| 分　　类 | 芭蕉科（*Musaceae*）、芭蕉属（*Musa*）、真蕉组（*Eumusa*）
| 学　　名 | *Musa balbisiana*
| 来　　源 | 从云南西双版纳收集的野生 BB 类型资源，采集编号：BGY3。

主要性状｜植株高大，一般 300 ～ 400 厘米或更高，假茎粗壮，吸芽多，易丛生。茎秆上部绿色或黄绿色，中下部褐色或紫红色；全株多部位有白色蜡粉（如叶柄、叶鞘、假茎、吸芽、雄花苞片）。雄花序紫色、圆形，常有 1 ～ 4 苞片展开和雄花序连一起。果穗和花序轴水平斜生或斜生，中性花残留多，苞片宿存性强。抗旱和耐寒性强，叶斑病少。花粉多且活性强。果似圆球形，种子多，果肉少，熟后有甜味。

评　　价｜抗逆性强，花粉多。

图片拍摄：盛　鸥

（10）天宝野生蕉（Tianbao Yeshengjiao）

分　　类│芭蕉科（*Musaceae*）、芭蕉属（*Musa*）、真蕉组（*Eumusa*）

学　　名│*Musa balbisiana*

来　　源│从福建收集的野生 BB 类型资源。

主要性状│典型的 BB 类型特征。植株高大，假茎粗壮，茎秆上部绿色或黄绿色，果似圆球形，种子多。

评　　价│抗逆性比 BGY3 强。

图片拍摄：盛　鸥

（11）BNY2

分　类｜芭蕉科（*Musaceae*）、芭蕉属（*Musa*）、真蕉组（*Eumusa*）

学　名｜*Musa acuminata*

来　源｜从云南西双版纳收集的野生蕉资源，采集编号：BNY2。

主要性状｜典型的 AA 类型野生种质，茎秆有蜡粉；植株较矮，果实较短但饱满；种子较多。耐贫瘠。

评　价｜需进一步评价。

图片拍摄：盛　鸥

（12）云南野生蕉 1（A wild *Musa* species from Yunnan）

分　　类｜芭蕉科（*Musaceae*）、芭蕉属（*Musa*）、真蕉组（*Eumusa*）

学　　名｜*Musa acuminata*

来　　源｜从云南收集的野生蕉资源。

主要性状｜植株形态（叶片、雄花序、果实等特征）与 AA 亚种 *siamea* 十分类似，但果实比 siamea 饱满；抽蕾早，矮化，抗叶斑病。

评　　价｜需进一步评价。

图片拍摄：盛　鸥

（13）云南野生蕉 2（A wild *Musa* species from Yunnan）

分　　类｜芭蕉科（*Musaceae*）、芭蕉属（*Musa*）、真蕉组（*Eumusa*）

学　　名｜*Musa acuminata*

来　　源｜从云南收集的野生蕉资源。

主要性状｜植株较高，200～300 厘米。植株形态（叶片、雄花序、果实等特征）与野生 *Musa acuminata* 类似。果穗及花序轴水平生长，雄花序紫红色，披针形，果实种子多。

评　　价｜需进一步评价。

图片拍摄：盛　鸥

2. 南蕉组 *Australimusa*

本组内资源包含 Fe'i、Abaca 及观赏类型。前两者已作为经济栽培种被人类利用。主要分布在东南亚、太平洋岛国，我国云南靠近缅甸、老挝和越南边境的地区可能有观赏类型的野生资源存在。基因组为 TT，染色体组 2n=20。主要特点：一般花轴向上直立抽生（Abaca 除外），纤维较硬；Fe'i 类型的果实可食用，其余不可食用；一般种子为近球形或扁形。

Abaca

分　　类 | 芭蕉科（*Musaceae*）、芭蕉属（*Musa*）、南蕉组（*Australimusa*）
学　　名 | *Musa textilis*
来　　源 | 原产于菲律宾。

主要性状 | 株高 150 ～ 300 厘米，茎秆深绿色，较细；穗柄斜弯向下，雄花序大覆瓦状，苞尖部分有黄色斑块，常有 1 ～ 3 个苞片展开，花序轴长。茎秆较硬，纤维性能强。吸芽多，易丛生。

评　　价 | 特色稀有种质，可进一步开发利用。

图片拍摄：盛　鸥

3. 美蕉组 *Callimusa*

　　本组内资源主要为野生类型，分布较广，在东南亚、太平洋岛国、印度和我国云南等地均有发现，染色体组 2n=20。主要特点：外苞片硬、有光泽、少粉、鳞状，大部分花蕾直立抽生、色彩丰富，有种子。主要为观赏用途。

红花野蕉（red-flowering banana）

分　　类｜芭蕉科（*Musaceae*）、芭蕉属（*Musa*）、美蕉组（*Callimusa*）
学　　名｜*Musa coccinea*
来　　源｜从云南收集的野生香蕉资源。

主要性状｜株高 80～150 厘米，茎秆红褐色，较细。花蕾直立向上抽生，花苞红或深红色，苞尖有黄色斑。有少量吸芽侧生，种子圆筒状。
评　　价｜我国云南分布的野生香蕉资源，可作观赏植物。

图片拍摄：盛　鸥

4．*Rhodochlamys*

本组的中文名暂未统一，常称为红花芭蕉、红蕉组或观赏蕉组。单套染色体组 n=11，与真蕉组（*Eumusa*）相同。根据形态学和染色体数目，有学者将本组与真蕉组（*Eumusa*）合并。本组内种质大部分为观赏用途，主要分布在印度、中国和东南亚，大部分花蕾直立抽生。

（1）紫梦幻蕉（Flowering Banana/Royal Purple）

分　　类｜芭蕉科（*Musaceae*）、芭蕉属（*Musa*）、*Rhodochlamys* 组
学　　名｜*Musa ornata*
来　　源｜从云南收集的野生芭蕉属资源，又称为紫苞芭蕉、美粉芭蕉、莲花蕉等。

主要性状｜生育期 9～12 个月，株高 80～120 厘米，茎秆粉红绿色，较细。叶子长椭圆形，花蕾直立向上抽生。苞片紫色或紫红色；幼果黄色，后转至黄白色或白色；花瓣黄色。吸芽较多，易丛生。

评　　价｜可作观赏植物，华南地区各植物园有栽培。

图片拍摄：盛　鸥

（2）腊红梦幻蕉（Bronze banana/ Flowering Ornamental Banana）

分　　类│芭蕉科（*Musaceae*）、芭蕉属（*Musa*）、*Rhodochlamys* 组

学　　名│*Musa laterita*

来　　源│原产于印度、缅甸、泰国，又称为缅甸橙色花芭蕉等。

主要性状│植株外形与紫梦幻蕉类似，茎秆粉红绿色，较细，株高 80 ～ 120 厘米。但相比紫梦幻蕉，生育期较短，5 ～ 6 个月就可以抽蕾开花；叶片较紫梦幻蕉宽大。花蕾直立向上抽生，苞片粉红色或红色。幼果淡绿色，后转至绿色或深绿色。花瓣黄色；吸芽较多，易丛生。

评　　价│可作观赏植物，有待于进一步开发利用。

图片拍摄：盛　鸥

（二）地涌金莲属（*Musella*）

本属为芭蕉科三属之一。属内仅有 1 种，*Musella lasiocarpa*，在我国西南省份较常见，为我国特有芭蕉科种质；多年生大型丛生草本植物，民间又俗称地涌莲、地金莲、地涌金、千瓣莲花、地母金莲、千瓣金莲、千叶佛莲、矮芭蕉、地芭蕉、昆明芭蕉、地莲花、山芭蕉、旱芭蕉、宝兰花、地母鸡等。它是佛教中的"五树六花"（菩提树、大青树、贝叶棕、槟榔、糖棕或椰子；荷花、文殊兰、黄姜花、黄缅桂、鸡蛋花和地涌金莲）之一。主要分布于云南、贵州、四川及越南邻近云南的部分地区，一般生长在海拔 1 450 ～ 2 500 米的环境中。具有较高的观赏价值。

地涌金莲（Musella）

分　　类｜芭蕉科（*Musaceae*）、地涌金莲属（*Musella*）
学　　名｜*Musella lasiocarpa*
来　　源｜从云南收集的野生芭蕉科资源。

主要性状｜株高 50 ～ 120 厘米，茎秆绿色或浅绿色，短而矮。雄花序较短，圆形或卵形，向上直立抽出；苞片黄色，苞尖红色；苞片不易枯萎，较硬，展开后似莲花盛开；整个雄花序从抽生到完全枯萎，可持续 5 ～ 8 个月。果实在雄花序下部，有时被枯萎的苞片盖住不易发现。果皮多绒毛。

评　　价｜我国西南省份分布有原始群落，云南当地庙宇的莲座状石像可能是地涌金莲，说明我国可能是地涌金莲的进化和多样性中心之一。该种质抗逆性较强，耐寒，耐旱；云南有单位进行了观赏品种的选育。

图片拍摄：盛　鸥

（三）象腿蕉属（*Ensete*）

　　本属为芭蕉科三属之一，属内有 6 种。该属植物假茎粗大，似象腿，所以又称为 Elephant banana。较常见的种是 *E. glaucum* 和 *E. ventricosum*。前者在我国云南和邻近的老挝、越南、缅甸等较常见；后者是该属内最重要的经济栽培种，其假茎和球茎内含有大量淀粉。在埃塞俄比亚等国，*E. ventricosum* 是主粮作物之一。该属植物的果肉可食用，有种子且较大；少见吸芽，一般靠种子繁殖，组培较难扩繁。染色体组 2n = 18。

云南象腿蕉（Ensete from Yunnan）

分　　类 │ 芭蕉科（*Musaceae*）、象腿蕉属（*Ensete*）

学　　名 │ Ensete *glaucum*

来　　源 │ 从云南收集的野生芭蕉科资源。

主要性状 │ 生育期 15 ～ 18 个月，株高 300 ～ 500 厘米，茎秆粗壮，茎秆绿色或黄绿色，中下部有较厚白蜡粉。叶姿直立。花穗似圆柱形，苞片宽大不易掉，果实长在苞片下。果指粗大，有黑色大颗种子，果肉可食用，味甜。

评　　价 │ 我国云南西双版纳分布有原始群落，如在勐海布朗山区。该种质适合在较高海拔地区生长，较抗寒，但不耐霜冻。

图片拍摄：盛　鸥

参 考 文 献

黄秉智，2006. 香蕉种质资源描述规范和数据标准 [M]. 北京：中国农业出版社 .

PILLAY M, TENKOUANO A, 2011. Banana breeding: progress and challenges[M]. Boca Raton: CRC Press.

PILLAY M, TRIPATHI L, 2007. Banana breeding[M] //KANG MS, PRIYADARSHAN PM(eds). Breeding major food staples. Oxford: Blackwell Publishing.

KEMA G H J, DRENTH A, 2020. Achieving sustainable cultivation of bananas. Volume 2: Germplasm and genetic improvement[M]. Cambridge: Burleigh Dodds Science Publishing.

Taxonomic Advisory Group (TAG) , 2010. Minimum Descriptor List for Musa, Revised 2019[M]. Montpellier: Bioversity International.